林业规划与生态建设探究

周耀伟　李元忠　马　鑫◎著

吉林科学技术出版社

图书在版编目（CIP）数据

林业规划与生态建设探究 / 周耀伟，李元忠，马鑫著. -- 长春 ：吉林科学技术出版社，2023.5
ISBN 978-7-5744-0468-7

Ⅰ. ①林… Ⅱ. ①周… ②李… ③马… Ⅲ. ①林业－生态环境建设－研究 Ⅳ. ①S718.5

中国国家版本馆 CIP 数据核字(2023)第 105649 号

林业规划与生态建设探究

主　　编　周耀伟　李元忠　马　鑫
出 版 人　宛　霞
责任编辑　赵　沫
幅面尺寸　185 mm×260mm
开　　本　16
字　　数　253 千字
印　　张　11.25
版　　次　2023 年 5 月第 1 版
印　　次　2023 年 5 月第 1 次印刷

出　　版　吉林科学技术出版社
发　　行　吉林科学技术出版社
地　　址　长春市净月区福祉大路 5788 号
邮　　编　130118
发行部电话/传真　0431-81629529　81629530　81629531
81629532　81629533　81629534
储运部电话　0431-86059116
编辑部电话　0431-81629518
印　　刷　北京四海锦诚印刷技术有限公司

书　　号　ISBN 978-7-5744-0468-7
定　　价　75.00 元

前　言

21世纪以来，我国已经进入了崭新的发展时期，科技、经济等方面的发展越来越快速，为社会进步提供了助力。在科技、经济等的支持下，林业生产建设有了一定的进步。在这一过程中，林业规划设计则发挥着不容小觑的促进作用，所以今后更需要深挖林业规划设计的这一促进作用，进一步推动林业生产建设的发展。国家在林业生态建设及林下经济建设领域的投入持续增多，不仅创造了更多的林业经济效益，而且还在优化自然生态环境上发挥了更多的作用。林业生态建设，符合国家全面协调可持续发展理念，能够更好地推动集约型发展理念的践行，林业经济产业的发展，对于优化林业产业结构，丰富林业经济发展内涵都发挥着重要作用。

本书是林业规划与生态建设探究方向的著作，首先，本书对林业调查与造林规划设计、林业绿色经济进行了分析研究；其次，对林业生态建设技术、林业与生态文明建设、林业经营与生态工程建设管理做了一定的介绍；最后，剖析了森林的培养、保护与利用等内容。本书旨在摸索出一条适合林业规划与生态建设的科学道路，帮助相关工作者在应用中少走弯路，运用科学方法，提高效率。同时，对林业规划与生态建设探究有一定的借鉴意义。

在本书的策划和编写过程中，曾参阅了大量国内外有关的文献和资料，从中得到了一些启示，同时也得到了有关领导、同事、朋友及学生的大力支持与帮助。在此致以衷心的感谢。本书的选材和编写还有一些不尽如人意的地方，加上编者学识水平和时间所限，书中难免存在错漏，敬请同行专家及读者指正，以便进一步完善提高。

目　录

第一章　林业调查与造林规划设计 …… 1

第一节　林业调查规划设计 …… 1

第二节　造林规划设计 …… 12

第二章　林业绿色经济 …… 26

第一节　林业绿色生产与消费 …… 26

第二节　林业绿色采购与贸易 …… 31

第三节　林业绿色投资与金融 …… 36

第三章　林业生态建设技术 …… 49

第一节　林业技术推广 …… 49

第二节　山地生态公益林经营技术 …… 53

第三节　流域与滨海湿地生态保护及恢复技术 …… 63

第四节　沿海防护林体系营建技术 …… 67

第五节　城市森林与城镇人居环境建设技术 …… 69

第四章　林业与生态文明建设 ……………………………………………… 76

第一节　林业与生态环境文明 ………………………………………… 76

第二节　林业与生态物质文明 ………………………………………… 88

第三节　林业与生态精神文明 ………………………………………… 92

第四节　林业的生态环境建设发展战略 ……………………………… 99

第五章　林业经营与生态工程建设管理 ………………………………… 110

第一节　林业经营管理 ………………………………………………… 110

第二节　林业生态工程的建设方法 …………………………………… 121

第三节　林业生态工程的管理机制 …………………………………… 130

第四节　林业生态工程建设领域的新应用 …………………………… 133

第六章　森林的培养、保护与利用 ……………………………………… 139

第一节　森林培育 ……………………………………………………… 139

第二节　森林保护 ……………………………………………………… 156

第三节　木材生产与利用 ……………………………………………… 161

参考文献 …………………………………………………………………… 171

第一章

林业调查与造林规划设计

第一节　林业调查规划设计

一、林业调查规划设计的基本内容

森林资源受自然环境、人为活动的影响，不断发生着变化。只有定期进行调查，才能摸清林业家底，为林业规划设计提供依据。

（一）林业调查

林业调查也称森林资源调查，指以经营森林为目的要求，系统地采集、处理、预测森林资源有关信息的工作。它采取测量、测树、遥感、各种专业调查、抽样及计算机技术等手段，以查清指定范围内的森林数量、质量、分布、生长、消耗、立地质量评价及可及性等，为制定林业方针政策和林业规划设计提供依据。

林业调查按调查范围及其目的不同，分为：国家森林资源连续清查，简称一类调查，是为制定国家或地区林业政策进行的宏观控制性调查；森林经营调查，简称二类调查，为局、场级编制经营方案进行的调查；作业设计调查，简称三类调查，为满足伐区设计、造林设计、森林经营设计等而进行的调查。

（二）专业调查

依据调查内容，林业调查可分为多种专业调查，主要包括：森林生长量、消耗量及出材量调查、立地类型调查、森林土壤调查、森林更新调查、森林病虫害调查、森林火

灾调查、珍稀植物、野生经济植物资源调查、抚育间伐和低产林改造调查、母树林、种子园调查、苗圃调查、森林生态因子调查、森林多种效益计量与评价调查、林业经济与森林经营情况调查等。专业调查的地域范围同二类调查，多以独立的企业、事业单位和行政区划单位为单位进行。

（三）常用的专业调查

1. 森林生长量、消耗量及出材量调查

调查森林生长量主要是掌握森林资源的动态变化规律，可为确定合理采伐、预估森林资源的变化及评价森林经营措施效果提供可靠的数据。

森林生长量调查：主要包括胸径生长量、树高生长量和蓄积生长量，尤其蓄积生长量，是森林经营决策的重要依据。森林生长量的调查应按优势树种、龄级（组）分别进行调查。

消耗量调查：以林业局（场）为单位进行。调查内容包括主伐、间伐及补充主伐的采伐量、薪材采伐量和其他各种生产、生活灾害过程中消耗的木材量。

出材量调查：分别树种调查出材量或出材率。用材林中近熟、成熟和过熟林的出材率等级按林分出材量占林分蓄积量的百分比，或林分中用材林商品用材树的株树占林分总株数的百分比确定。

调查方法可采用树干解析法、标准地或标准木法、生长过程表和生长锥法，也可结合森林资源连续清查固定样地进行调查。

2. 立地类型调查

立地类型也称立地条件类型。立地条件的好与差直接关系到森林经营的各方面，如：生产效率、经济效益、采伐收获、森林培育的方向与速度等。

表示立地条件优劣的指标有地位级和地位指数。根据优势树种上层木平均高和平均年龄查地位指数表或根据主林层优势树种平均高和平均年龄查地位级表确定立地等级。对疏林地、无立木林地、宜林地可根据有关立地因子查数量化地位指数表确定立地等级。

3. 林业土壤调查

林业土壤也是森林资源的重要组成部分。进行土壤调查的目的在于查清土壤资源，包括土壤种类、土层厚度、结构、土壤肥力、土壤类型分布、数量、质量及植被分布的关系等，并给予综合评价，提出土壤种类、植被种类及土地利用和经营措施，绘制森林土壤分布图和立地条件类型图，为林业区划、规划等提供技术依据。

4. 森林更新调查

森林更新调查包括天然更新、人工更新、人工促进天然更新的调查。

（1）天然更新调查

对于疏林地、灌木林地（国家特别规定的灌木林地除外）、无立木林地、宜林地等，应调查天然更新等级。主要调查天然更新幼苗（树）的种类、年龄、平均高度、平均根径、每公顷株数、分布和生长情况等。天然更新的评定标准，是根据幼苗（树）高度级按每公顷天然更新株数确定天然更新的等级。

天然起源幼苗、幼树划分标准：针叶树高 30 cm 以下为幼苗，30 cm 以上至起测径阶以下为幼树；阔叶树高 1.0 m 以下为幼苗，1.0 m 以上至起测径阶以下为幼树。

天然更新的幼苗常常呈现群状或聚集分布，尤其是低龄阶段更是如此，随着年龄的增加，幼苗枯损死亡率很高，真正能够竞争存活并生长到中上层林木的数量很少。因此，在天然林更新调查时常用“有效更新株数”记录。有效更新株数的计算以 1.0 m^2 为计量单位，出现几个树种时只取一个目的树种；如果每 1.0 m^2 范围内有若干株幼苗、幼树时，其有效株数均按 1 株计算。最后按有效株数合计占更新调查面积（即所有调查的 1.0 m^2 大小计量单位个数）的百分比推算每公顷天然有效更新株数。

（2）人工更新调查

包括未成林造林地和人工幼林调查。未成林造林地主要调查不同情况造林地的成活率和保存率；人工幼林调查应按立地条件类型、造林树种、造林年度、混交方式、造林密度、造林方法、整地方式、幼林抚育方法等不同，进行生长情况的调查。调查结果可以分析不同条件下各种造林技术措施对造林成活率和林木生长的影响，总结以往的经验教训，为今后正确设计造林措施和提高造林质量提供依据。

（3）人工促进天然更新调查

应按立地条件及促进更新措施，分别调查促进更新的作业时间、整地方式、株数、补植株数、野生苗移植株数及其他技术的效果。通过调查分析影响人工促进天然更新的因素，提出今后的改进意见。

天然更新、人工更新和人工促进天然更新的调查，多采用标准地和小样方的方法调查。

5. 森林灾害类型调查

森林灾害类型调查包括森林病虫害、森林火灾情况、气候灾害（风、雪、水、旱）和其他灾害的调查。

病虫害调查一般采用路线踏查和标准地调查的方法。

森林火灾调查主要了解调查地区火灾的概况，查清火灾种类、发生时间、次数、延

续时间及其气象因素、树种抗火特性、人为活动等因素的关系，森林火灾等级、损失面积、蓄积、树种、林种，森林土壤、森林更新、森林经营条件，以及火灾的位置分布、防火设施的扑火方法等情况。

外业调查时以林班为单位，根据土壤、林分状况、交通条件和居民点分布情况等因素综合确定火险等级。

6. 抚育间伐和低产林改造调查

抚育间伐调查的内容包括林分类型、方法、强度、间隔期、工艺过程、出材量等。低产林改造调查的内容包括实施措施的林分、改造的目的、方式、方法、经营措施、改造效果等。

7. 苗圃调查

苗圃调查主要内容包括苗圃种类、经营面积、区划情况、育苗种类、年产苗量、成本、现有设备、劳动组织及管理制度等。根据调查结果提出苗圃的经营管理建议。在苗圃调查时以永久固定的苗圃为主，同时也要考虑外来苗和苗木输出等供需情况。

8. 林业经济调查

主要包括社会经济、林业经济情况的调查，为林业生产应采取的技术经济政策和措施，以及效益计量、评价提供可靠的依据。

（四）多资源调查

森林资源除林木资源外，还应包括森林地域空间内的动物资源、植物资源、土地资源、水资源、气候资源、游憩资源和其他资源。在我国，多资源调查是指对野生动植物、游憩、水资源、放牧和地下资源等进行的调查。森林中的各种资源，它们是一个有机整体，即是一个结构和功能繁多而又复杂的生态系统。林木资源与其他资源互为环境、相互影响。为正确评价森林多种效益，发挥森林的各种有效性能，满足森林经营方案、总体设计、林业区划与规划设计的需要，有必要在森林分类经营的基础上进行多资源调查。

多资源调查是森林永续利用从木材永续到森林多种效益永续的过渡时期，而逐渐发展起来的森林调查项目。世界各国对多资源调查的类型归属不完全一致。在我国的有关规程中，多资源调查仍属二类调查中的专业调查范畴。

二、林业专业调查的任务和方法

（一）目的和任务

1. 目的

林业专业调查的目的是为造林规划设计、科学经营和管理森林、制订区域国民经济发展规划和林业发展规划、进行森林分类经营区划和执行各种林业方针政策效果评价等提供基础数据。调查成果是建立或更新森林资源档案，进行林业工程规划设计和森林经营管理的基础，也是制订区域国民经济发展规划和林业发展规划、实行森林生态效益补偿和森林资源资产化管理、指导和规范森林科学经营的重要依据。

2. 任务

林业专业调查的主要任务包括查清森林、林地和林木资源的种类、数量、质量与分布，客观反映调查区域自然、社会经济条件，综合分析与评价森林资源与经营管理现状，提出对森林资源培育、保护与利用的建议。具体任务有：①核对森林经营单位的境界线，并在经营管理范围内进行或调整（复查）经营区划；②调查各类林地的面积；③调查各类森林、林木蓄积；④调查与森林资源有关的自然地理环境和生态环境因素；⑤调查森林经营条件、前期主要经营措施与经营成效。

（二）调查方法与技术

小班调查是专业调查中涉及地域最广、工作量最大的一项工作。为了科学地进行造林和开展森林资源经营管理工作，必须将森林资源信息落实到每块造林地或每个林分中，小班调查就是将各项调查因子落实到每块造林地或每个林分中。

1. 小班调绘

根据实际情况，可分别采用以下方法进行小班调绘：①采用由测绘部门绘制的当地最新的比例尺为 1：10 000～1：25 000 的地形图到现地进行勾绘。对于没有上述比例尺的地区可采用由 1：50 000 放大到 1：25 000 的地形图。②使用近期拍摄的（以不超过两年为宜）、比例尺不小于 1：25 000 或由 1：50 000 放大到 1：25 000 的航片、1：100 000 放大到 1：25 000 的侧视雷达图片在室内进行小班勾绘，然后到现地核对，或直接到现地调绘。③使用近期（以不超过一年为宜）的，经计算机几何校正及影像增强的比例尺 1：25 000 的卫星遥感影像（空间分辨率 10 m 以内），在室内进行小班勾绘，然后到现

地核对。空间分辨率10 m以上的卫星遥感影像只能作为调绘辅助用图，不能直接用于小班勾绘。

现地小班调绘、小班核对以及为林分因子调查或总体蓄积量精度控制调查而布设样地时，可用GPS确定小班界线和样地位置。

2. 小班调查内容

根据森林经营单位森林资源特点、调查技术水平、调查目的和调查等级，可采用不同的调查方法进行小班调查。应充分利用已有调查成果和小班经营档案，以提高小班调查的精度和效率，保持调查的连续性。

小班调查的主要内容包括：土地类型调查、小班调查因子，即空间位置、权属、地类、工程类别、事权、保护等级、地形地势、土壤/腐殖质、下木植被、立地类型、立地等级、天然更新、造林类型、林种、起源、林层、群落结构、自然度、优势树种组、树种组成、平均年龄、平均树高、平均胸径、优势木平均高、郁闭/覆盖度、每公顷株数、散生木、每公顷蓄积量、健康状况等。

三、林业调查规划设计的工作程序

林业调查规划设计种类多，内容广，工作程序复杂。因此，应在明确调查目的和内容的基础上，制订调查实施细则、工作方案和技术方案，以确保调查工作的顺利完成。林业调查规划设计必须通过三个阶段才能完成，即准备工作阶段、外业调查阶段和内业工作阶段。下面以森林经理调查为例，详细介绍其工作的程序。

（一）准备工作

1. 明确调查目的与任务

森林经理调查的目的是准确摸清森林资源家底，完成森林分类区划，建立森林资源数据管理信息系统，实现森林资源管理信息化和现代化，编制森林经营方案，最终实现森林资源的科学管理、动态经营。

2. 制定实施细则

主要是统一调查的技术标准，规范调查内容、调查方法、工作程序和成果要求等。

（1）技术标准

①土地类型分类规范分类体系和技术标准。②非林业用地指林地以外的农业用地、牧业用地、水域、未利用地及其他用地。③森林（林地）类别将森林资源分为生态公益

林（地）和商品林（地）。④林种包括林种分类体系和划分的技术标准。⑤优势树种（组）划分根据调查地区实际情况，结合树木的生物学特性，按照同类归一，共同使用同一材积表的原则，划分优势树种（组）。⑥龄级、龄组的划分乔木林的龄级和龄组根据优势树种（组）的平均年龄确定。⑦立地因子包括地貌、坡度、坡向的等级分类。⑧其他标准包括权属、起源、郁闭度、覆盖度等级、四旁树界定、基础数表、森林覆盖率与林木绿化率计算方法等。

（2）规范调查范围与内容

根据调查任务确定调查范围，例如，陕西省永寿县的森林经理调查的范围，涵盖全县行政范围内的14个乡镇和1个国有林场的所有土地，包括林业用地和非林业用地，面积约889 km^2。

调查内容包括：核对与修正各经营单位的界限、调查各类土地的面积、各类森林和林木的蓄积、调查与森林资源有关的主要自然地理环境因子和生态环境因子等。

（3）确定调查方法

采用地理信息系统（GIS）、遥感（RS）和全球定位系统（GPS）（即“3S”技术），利用具有高光谱特征、高空间分辨率的卫星遥感数据，目视解译区划土地类型；通过建立调查蓄积与遥感因子、地理环境因子、林分因子之间的多元回归模型，定量估测小班蓄积量。

（4）成果产出

①小班调查因子数据库。②森林资源统计表主要包括：各类土地面积统计表；各类森林、林木面积蓄积统计表；林种统计表；乔木林面积蓄积按龄组统计表；生态公益林（地）统计表；用材林面积蓄积按龄组统计表；经济林统计表；竹林统计表；灌木林统计表；天然林面积蓄积按龄组统计表；人工林统计表等。③图面材料主要包括：县级森林分布图；乡（场）林相图等。④调查报告主要包括：县级森林资源二类调查报告；林场简明森林资源二类调查报告。⑤质量检查报告；⑥森林资源信息管理系统。

以上成果均包含纸介质和电子介质两类。

3. 制订工作方案

工作方案是贯彻调查实施细则的重要文件，围绕具体的调查任务，重点从调查组织、基础资料收集、物质准备、经费落实等方面，确保调查工作具有可操作性。

（1）调查的组织

为了保证林业规划设计调查工作的顺利进行，需要分别成立林业调查领导小组和工作小组。领导小组人员由主管部门相关领导组成，主要负责贯彻国家林业和草原局有关规定，对林业调查工作进行指导、监督、协调，并对工作中出现的重大问题组织讨论，

提出决策方案。工作小组由相关领域技术人员组成，负责林业调查实施细则的制定，承担外业调查任务，并负责数据汇总与调查成果编制，提供森林资源管理信息系统软件等。

（2）基础资料收集与物质准备

在完成工作方案、实施细则制定工作的基础上，全面收集各种基础资料，包括基础图面资料、卫星数据的购置；调查表格的设计与印制等，并对调查工作必需的物资进行准备，包括调查仪器、器具、药物、雨具、劳保（含保险）等的购置。

（3）时间安排

根据调查任务及要求，制定调查总体时间安排，详细分为三个阶段：准备阶段、外业调查阶段和内业分析阶段，并进行成果的审核与验收。

（4）经费落实

调查工作小组应根据调查任务，详细做好调查经费预算工作，主要包括仪器（租用）、卫星遥感数据、地形图购买；技术准备与培训费；调查费；调查器具费等方面，对所需费用进行预算，并将预算结果上报领导小组及调查单位，以便落实调查经费。

（二）外业调查

1. 调查方法的选择

根据调查单位的森林资源特点、调查技术水平、调查目的和调查等级，可采用不同的调查方法进行小班调查。小班测树因子调查方法有：样地实测法、目测法、航片估测法、遥感图像估测法等。为了提高调查精度，减少外业工作量，调查应尽量采用“3S”技术。

2. 开展预备调查

（1）选设踏查线路

在调查区域内，选择3~5条能覆盖区域内所有地类和树种（组）、有代表性的勘察线路。

（2）线路踏查

利用GPS等定位工具，在每条线路上选择若干不同立地条件和林分状况的样地，现地调查记录地类、林种、树种（组）、龄组、单位蓄积量、地貌、坡度、坡向、坡位、起源、郁闭度、地被物、土壤类型、土壤质地、土壤水分状况等因子，并拍摄地面实况照片，建立遥感影像特征与实地情况相对应的判读样片。

（3）室内分析

依据野外踏查确定的影像和地物间的对应关系，借助辅助信息（林相图及物候等资料)，建立遥感影像图上反映的色彩、光泽、纹理、形态、结构、相关分布、地域分布等与判读因子的相关关系。

（4）建立判读标志

通过野外踏查和室内分析对判读类型的定义、现地实况形成统一认识，并对各类型在遥感影像上的特征描述形成判读标准，建立判读标志表。

（5）试判读和正判率考核

选取 30 个左右判读样地或小班，要求解译人员对判读类型进行识别，正判率超过 95%才可上岗。不足 95%的进行错判分析和第二次考核，直至正判率超过 95%为止。判读结果要填写判读考核登记表，分析错判原因，必要时修订目视判读标志表。

（6）正式判读区划

判读人员在足够的光照条件下正确理解分类定义，充分掌握除图像以外的有关文字、数据、图面资料，准确把握遥感成像时的物体状况，全面分析图像要素，将判读类型与所建立的判读标志有机结合起来，准确区分判读类型。遥感信息解译的主要因子为地类、树种（组)、郁闭度、龄组等。在地类解译时，乔木林要求划分到三级地类。

对于目视判读难以确定的地类（如：未成造林地、退耕还林地等)，应结合往年造林图面材料、土地利用规划、退耕还林设计等资料将小班界限准确勾绘在区划图上或进行现地补充调查。对于各项工程造林中面积过小，不能在图面上区划的地块，为了充分反映工程成果，可区划复合小班，反映该部分造林成果。

对于权属、林分起源等因子，要充分利用已掌握的有关资料或询问当地技术人员等方式予以解决。对于地形地貌因子可参照遥感影像工作图或同等比例尺地形图查找。

（7）判读复核

目视判读采取一人区划、判读，另一人复核判读方式进行。当两名判读人员的一致率达到 90%以上时，二人应对不一致的小班通过商议达成一致意见，否则应到现地核实。当两判读人员的一致率达不到 90%以上时，应分别重新判读。对于室内判读有疑问的小班必须全部到现地确定。

（8）实地验证

当室内判读工作经检查合格后，采用典型抽样方法选择部分小班进行实地验证。实地验证的小班数不少于总数的 5%（但抽检小班总数不低于 50 个)，并按照地类和森林类型的面积比例分配，其中主要土地类型抽检小班数不得少于 10 个。在每个类型内，要按照小班面积大小比例不等概率选取。

（9）样地的选设

结合选设踏查线路和踏查，根据调查内容，选择与布设专题调查样地，并将样地布

设情况详细记录地理坐标，绘制样地布设图。

（10）预备调查结果分析

结合建立判读标志与实地验证，典型选取有调查样地，现地调查其单位面积蓄积量，分析调查结果，为建立判读因子、地理环境因子、林分因子与单位面积蓄积之间的多元回归模型，定量估测小班蓄积量做好准备。

（三）内业工作

外业调查结束后，需要在室内根据统计分析的要求，做好调查数据的检查、数据库建立、数据分析与制图等内业工作。

1. 调查资料的检查验收要求

①所有调查材料，必须经专职检查人员检查验收；②发现数据异常，需要第一时间查明原因；③如果出现某些调查因子漏测，应及时补测；④调查原始资料应按类别及时归档（纸质），永久保存。

2. 建立数据库

调查材料验收完毕后，需要及时将纸质文件按照数据格式标准要求建立数据库，其中的关键是建立科学的数据编码。

（1）各级区划编码

县级以上采用国家行政区划区划编码，乡镇编码 2 位，村编码 2 位，林班编码 3 位、小班编码 5 位。

（2）小班调查因子代码表

所有小班调查因子将以数字代码的形式输入计算机建立小班卡片数据库，建立“小班调查因子代码表”。

（3）计算机制图代码表

为便于计算机管理，满足森林资源地理信息系统的需要，地理基础图形数据和区划调查图形数据以点、线、面的数据层形式管理，各类数据的代码参照“计算机制图代码表”。

3. 数据统计分析

小班调查材料验收完毕后，开始进行资源统计。资源统计原则上要求采用统一的计算机统计软件、资源统计方法要一致，各种统计表在形式和内容上要相同，以便汇总。

（1）面积量算

测算原则与方法按照“层层控制，分级量算，按比例平差”的原则进行面积量算。

国有林业局（县、保护区、森林公园）、林场（乡、管理站）的面积用理论图幅面积计算，即将分布在各图幅上的部分累加求得。一个图幅上的各部分面积，要分别量测进行平差。用地理信息系统（G1S）绘制成果图时，可直接用地理信息系统量算林班和小班面积。手工绘制成果图时，可用几何法、网点网格法或求积仪等量算林班和小班面积。

精度要求林场（乡）内各林班面积之和与林场面积相差不到1%，林班内各小班面积之和与林班面积相差不到2%时，可进行平差，超出时应重新量算。面积量算以 hm^2 为单位，精确到0.1 hm^2。

（2）数据统计分析

①统计要求所有调查材料，必须经专职检查人员检查验收；小班调查材料验收完毕后才能进行资源统计。资源统计采用通用的计算机统计软件。各种统计表分权属统计汇总。②蓄积量统计林分蓄积以小班蓄积为基础，采用累加法，逐级汇总。活立木总蓄积包括有林地、疏林、四旁树、散生木蓄积。

（3）建立信息管理系统

以小班调查因子成果为本底数据，以地理信息系统为平台，按照统一的数据标准和规范，建立森林资源管理信息系统。

4. 制作各种专题图

各种规划设计调查成果图可采用计算机或手工等制图手段绘制，图式必须符合林业地图图式的规定。

（1）基本图编制

基本图主要反映调查单位自然地理、社会经济要素和调查测绘成果。它是求算面积和编制林相图及其他林业专题图的基础资料。其技术要求如下：

①基本图按国际分幅编制。②根据调查单位的面积大小和林地分布情况，基本图可采用1∶5 000、1∶10 000、1∶25 000等不同比例尺。③基本图的成图方法。A. 基本图的底图可采用计算机成图，直接利用调查单位所在地的国土规划部门测绘的基础地理信息数据绘制基本图的底图，或将符合精度要求的最新地形图输入计算机，并矢量化，编制基本图的底图；也可手工成图，用符合精度要求的最新地形图手工绘制基本图的底图。B. 基本图编制：将调绘手图（包括航片、卫片）上的小班界、林网转绘或叠加到基本图的底图上，在此基础上编制基本图。转绘误差不超过0.5 mm。C. 基本图的编图要素包括各种境界线（行政区域界、国有林业局、林场、营林区、林班、小班）、道路、居民点、独立地物、地貌（山脊、山峰、陡崖等）、水系、地类、林班注记、小班注记。

(2) 林相图编制

以林场（或乡、村）为单位，用基本图为底图进行绘制，比例尺与基本图一致。林相图根据小班主要调查因子注记与着色。凡有林地小班，应进行全小班着色，按优势树种确定色标，按龄组确定色层。其他小班仅注记小班号及地类符号。

(3) 森林分布图编制

以经营单位或县级行政区域为单位，用林相图缩小绘制。比例尺一般为 1∶50 000 或 1∶100 000，其绘制方法是将林相图上的小班进行适当综合。凡在森林分布图上大于 4 mm^2 的非有林地小班界均须绘出。而大于 4 mm^2 的有林地小班，则不绘出小班界，仅根据林相图着色区分。

(4) 专题图编制

以反映专项调查内容为主的各种专题图，其图种和比例尺根据经营管理需要，由调查会议具体确定，但要符合林业专业调查技术规定（或技术细则）的要求。

为了提高资源统计、成果图绘制效率和便于资源经营管理和资源档案管理，调查单位应采用计算机进行内业计算、统计，用地理信息系统编绘成果图。

第二节　造林规划设计

一、造林规划设计的任务和内容

（一）造林规划设计的任务

造林规划设计的任务，一是制订造林总体规划方案，为各级领导部门制订林业发展计划和林业发展决策提供科学依据；二是提供造林设计，指导造林施工，加强造林科学性，保证造林质量，提高造林成效。从而为扩大森林资源，改善生态环境，满足社会和经济持续发展，为林业奠定坚实的基础。具体来讲：首先，查清规划设计区域内的土地资源和森林资源，森林生长的自然条件和发展林业的社会经济情况。其次，分析规划设计地区的自然环境与社会经济条件，结合地方经济建设和社会的需求，对造林、育苗、幼林抚育、现有林经营管理和森林保护等提出规划设计方案，并计算投资、劳力和效益。规划设计的造林面积和营林措施要落实到山头地块。再次，根据实际需要，对与造林有关的附属项目进行规划设计，包括造林灌溉工程、防火瞭望台、营林区道路、通信设备、林场和营林区址的规划设计等。最后，造林规划设计还必须确定林业发展目标、造林经营方向及安排生产布局，落实造林任务，提出保证措施，编制造林规划设计文件。

（二）造林规划设计的内容

造林规划设计的内容是根据任务和要求决定的。对于一个林场或一个区域来讲，造林规划设计是为编制造林年度计划、预算投资、进行造林作业设计或造林提供依据。主要内容包括制订土地利用规划，规划造林总任务量的完成年限，规划造林林种、树种，设计造林技术措施等。这些规划设计意见均须落实到山头地块。此外，对现有林经营、种苗、劳力、投资与效益均须进行规划和估算。必要时，对与完成造林有关的项目如道路、通信、护林及其他基建等设施也应做出规划。

1. 土地利用规划

在植被建设中，正确地处理农林牧各业的关系，制订出符合国家和当地社会、经济持续发展要求的土地利用规划，是造林规划设计工作的首要任务，关系到造林工作的成败。要在调查土地利用现状的基础上，根据林业区划（规划）提出的农林牧土地利用比例，并结合本地实际情况制订合理的土地利用规划。

2. 立地类型划分

在造林规划设计中，选择造林树种是一项十分重要的内容。为了做到适地适树，通常要根据立地类型进行造林树种的选择。所以，立地类型划分的正确与否，直接关系到造林工作的成败。

编绘立地类型图，用图面形式直观地反映立地分类的成果，并将其作为造林规划设计的依据和专用图，是世界上林业发达国家的普遍做法。近年来，在我国造林规划工作中的立地类型图也得到了广泛的应用。

3. 林种规划

《中华人民共和国森林法》按照功能将人工林划分为防护林、用材林、经济林、薪炭林和特种用途林五大林种。林种规划要按照《中华人民共和国森林法》划分的林种执行，根据规划地区的自然条件（如：地形、地势、气候、土壤及自然灾害的特点等）、社会经济条件（如：当地的人口、耕地、粮食生产、生活水平等）和对林产品（木材、燃料、饲料等）的需求情况，因地制宜地确定所需培育的林种，并且落实到一定的区域范围内。一般应参照当地的综合农业区划、林业区划及上一级造林规划所确定的原则，在立地调查和造林地调查的基础上具体落实林种布局。

4. 树种规划

规划树种主要按照“适地适树”的原则，兼顾国家和群众的需要来选择树种。在立

地条件比较复杂的地方，应根据海拔高度、地形部位、坡向、土壤种类和厚度、地下水位、盐渍化程度等影响造林的主要因子，选择适合生长的树种。规划设计必须坚持以当地优良乡土树种为主、乡土树种与引进外地良种相结合的原则，不断丰富造林树种。

在树种搭配上，要统筹考虑国家和群众多方面的要求，尽量做到针阔结合、常绿与落叶树种结合、乔灌草结合。

5. 造林技术设计

造林技术设计是在造林立地调查及有关经验总结的基础上，根据林种规划和主要造林树种的选择，制定出一套完整的造林技术措施。造林技术设计是造林施工和抚育管理的依据。

造林技术设计的主要内容包括：造林整地、造林密度、造林树种组成、造林季节、造林方法、幼林抚育管理等。

造林技术设计前，应全面分析研究本地或邻近地区人工造林（最好是不同树种）主要技术环节、技术指标和经验教训，以供造林技术设计参考。

6. 造林进度规划

造林进度规划的目的在于加强造林工作的计划性，避免盲目性，便于按计划做好苗木准备，安排劳力。造林进度安排是一项复杂而细致的工作，应避免造林进度规划流于形式。因此，在安排造林进度时，既要考虑林业区划和规划提出的造林总任务，又要考虑规划地区造林的任务和种苗、劳力及经济条件，经过全面分析研究做出切合实际的安排。根据实践经验，进度规划的年限不宜过长，一般以三至五年为好，这样有利于把造林规划纳入国民经济五年发展规划中去，使规划设计落到实处。

7. 种苗规划

要保证造林规划设计的实现，必须有充足的种苗。要根据造林规划设计提出的树种和种苗规格要求提前制订种苗规划。以本造林地区育苗为主，尽量减少外地苗木调运，对外地优良品种应积极扩大繁殖。规划时要首先计算出每年各树种种苗的需求量，然后提出用种和育苗计划，并落实种子生产及育苗基地等工作。

8. 投资规划和效益估算

①投资规划主要包括人力、物力和资金规划；②效益估算主要估算造林工作完成后的森林覆盖率、生态效益、立木蓄积量、抚育间伐所生产的林产品和林副产品，以及多种经营的实际收益等。

（三）造林规划设计的工作程序

造林规划设计是造林工程的前期工序，是一个重要的环节。它决定造林是否进行、是否给予投资，并决定造林规模、造林完成年限、投资额等。

一般来说，在生产实践中首先应在当地土地利用规划（或综合规划、区划）及林业区划或上一级造林规划设计的基础上，结合国家和当地经济建设的需要和可能，提出造林工程项目；然后对造林地区进行初步调查研究，提出可行性论证报告或初步设计方案，以确定该项造林工程的规模、范围及相关要求。

在造林工程项目纳入国家或地方建设计划后，对造林工程进行全面调查设计，提出造林工程规划设计方案，作为编制造林计划、组织造林施工和造林施工设计（作业设计）的依据。

造林规划设计工作一般分为准备、外业调查和内业设计及编制方案三个阶段：

1. 准备阶段

包括成立领导班子，组建规划设计队伍，编写提纲，制订计划，组织学习，进行试点，收集有关文字及图面资料，以及准备仪器、工具、调查用表和文具等。

2. 外业调查阶段

包括立地调查与立地类型划分、造林地区划与调查、树种生物学特性与现有林木生长状况调查等。

3. 内业设计及编制方案阶段

包括林种布局与树种选择、造林技术设计（或造林典型设计）、种苗规划与苗圃设计、用工与投资概算以及预期效益分析等，直至提交全部成果。

造林规划设计成果（方案），一般包括三个方面：一是造林规划设计说明书（简要叙述规划设计范围内的基本情况，规划设计的依据，造林技术设计和年度生产安排等）；二是附表（土地利用现状、造林典型设计表、林分经营措施表、种苗需要量表、用工投资概算表等）；三是附图（土地利用现状图、立地类型图、造林规划设计图等）。

造林规划设计方案一经上级主管部门批准，施工单位要认真遵照执行，并在生产活动中依此进行检查验收。在实施方案过程中，如有重大变动，需要修改设计方案中某些主要内容时，必须经过原审批单位和设计单位的同意。

二、造林地区划与调查

（一）造林地区划

造林地就是通过土地利用区划和规划确定为造林使用的土地，是在一定的造林地区

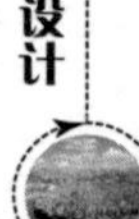

内造林地段的总称，包括荒山荒地、采伐迹地、火烧迹地、沙荒地和规划用于造林的其他土地。在造林地区范围较大、情况复杂，造林地与非林地、宜林地以外的林业用地混合分布时，为了便于进行造林规划设计和组织造林、幼林抚育管理等，必须进行造林地经营区划。造林地经营区划应在正式外业调查前进行，由设计单位与造林部门共同研究分区的划分原则和分区标准等，然后在地形图上将高层次的分区界线划定。

造林规划设计的对象主要是宜林地，其次对有林地、疏林地、灌木林地和未成林造林地也要提出经营措施。造林地区划应在土地利用区划和林业区划的基础上，根据林业用地分布情况进行分级区划。

1. 群众造林

通常大面积的群众造林以县为单位进行规划设计和组织实施。所以，一般在县的范围内进行区划，并以行政界线作为区划的依据，分县、乡、村、小班四级。如自然村的面积过大，不便统计和管理时，也可在村以下增设片（或林班）一级，片以下分小班。如有国有林场、农牧场时，在县以下，以乡的行政界和与乡同级的国有林场、国有农牧场经营地界，划出乡、国有林场、农牧场场界。在乡以下，按村界和与村同级的乡办林场、农牧场经营地界，划出村和国有林场、农牧场场界。村以下和乡办林场、农牧场以下划分小班。和乡同级的国有林场，如有确定的经营范围，可以按营林区、小班分级区划。

2. 国有林场造林

国有林场造林一般按林场、营林区、小班三级区划。如国有林场面积较大，必要时可在营林区以下增设林班，实行四级区划。其他国有单位造林，可视其规模大小、分散程度，采取按乡、村、小班，或片、小班分级区划管理。

国有林场界线原则上根据国家批准的经营范围区划。营林区以分片管理方便为原则，以行政界或山脊、河流、道路等自然界线划定，面积一般为133～667 hm^2。林班和片是一个统计单位，主要根据自然地形考虑，统一集材系统，以山脊、水系、道路等自然界线区划。根据造林地分布状况确定面积大小。凡造林集中的地方，面积宜小；凡造林地分散的地方，面积宜大。面积一般为67～133 hm^2。

（二）小班区划与调查

小班是调查规划的基本单位。小班不仅是进行单位调查、计算统计面积的基本单位，而且还是进行规划设计、造林的基本单位，造林后还按小班建立经营档案和实施经营管理。所以，小班划分是最重要、最基础的作业。

第一，小班地形调查主要包括海拔、坡向、坡度及坡位等，均记载小班的平均值，填写方法和要求与立地调查相同。第二，小班土壤调查在已进行立地土壤剖面调查的情况下，造林地小班一般不必再进行土壤剖面调查，可通过简单的土坑和自然剖面调查记载土层厚度、质地、干湿度和土层石质含量等即可。但对于营造速生丰产林和经济林的小班，可根据需要进行一定的土壤剖面调查。第三，小班植被调查方法、内容和填写要求，可参照立地调查相关部分。第四，小班立地类型确定根据小班地形、土壤和植被调查情况，按立地类型特征表确定小班所属立地类型，可填写立地类型名称或代号。第五，选择典型设计小班选择典型设计，实际上就是对小班进行造林设计的过程。这些工作是在野外调查结束以后，内业设计阶段进行的。根据林种和树种的布局原则，结合小班立地条件，选择适宜的典型设计。

（三）专题调查

为了提高造林规划设计的质量，使规划设计达到科学实用，在外业调查中应结合当地林业生产的特点，进行有关专题调查，如：调查不同立地上树种的生长状况、“四旁”树生长状况、经济林栽培技术及产量、育苗和造林技术经验总结、林木病虫危害及其防治、林业生产责任制等。

专题调查应根据调查的目的和要求，单独制定调查提纲。

三、造林技术设计

造林技术设计是在造林地立地调查及造林地区林业生产经验总结的基础上，根据林种规划和造林主要树种的选择，制定出一套完整的造林技术措施，是造林施工和抚育管理的依据。造林技术设计的主要内容包括造林地整地、造林密度、造林树种组成、造林季节、造林方法和幼林抚育等。

造林技术设计前，应全面分析研究本地或邻近地区的人工造林（最好是不同树种）主要技术环节、技术经济指标和经验教训，以供造林技术设计参考。

（一）整地设计

整地设计要根据林种、树种不同，视造林地立地条件差异程度，因地制宜地设计整地方式、整地规格等。除南方山地和北方少数农林间作造林需要全面整地外，多为局部整地。在水土流失地区，还要结合水土保持工程进行整地。在干旱地区，一般应在造林前一年的雨季初期整地。通过整地保持水土，为幼树蓄水保墒，提高造林成活率。

整地规格应根据苗木规格、造林方法、地形条件、植被和土壤状况等，结合水土流

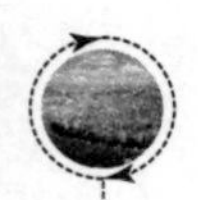

失情况等做出综合决定，以满足造林需要而又不浪费劳力为原则。

整地时间可以随整随造，也可以提前整地。在土壤深厚肥沃、杂草不多的熟耕地和风沙地区可以随整随造。其他地区应该提前整地，一般是提前1~2个季节，最多不超过一年。提前太早，整地后久置不造林，改善的立地条件又会变坏，杂草重新大量滋生，失去了提前整地的意义。

（二）造林方法设计

设计造林方法是十分重要的一项设计内容，一般应根据确定的林种和设计的造林树种，结合当地自然经济条件而定。目前，我国已大体取得了各主要造林树种造林的经验。例如，一般针叶树以植苗造林为主，一些小粒种子的针叶树种如油松、侧柏等，有时也采取飞播或直播造林。在设计中可充分应用已有的成功经验，切不可千篇一律。

在设计中，对北方干旱山地、黄土丘陵区、沙荒、盐碱地以及平原区造林要根据适用造林树种区别对待。此外，满足机械造林或飞机播种造林条件的地方，可采取机械造林或飞机播种造林方式。

（三）造林密度设计

造林密度应依据林种、树种和当地自然经济条件进行合理设计。一般防护林密度应大于用材林，速生树种密度应小于慢生树种，干旱地区密度可较小一些。密度过大会造成林木个体养分、水分不足而降低生长速度；密度过小又会造成土地浪费，延迟人工林的郁闭时间。

（四）造林树种组成设计

一般提倡营造混交林，即采用两个以上的树种进行混交。比较小的林班可以设计成纯林，比较大的林班则设计成混交林。设计混交林时要结合林分的培育目的、经营条件、立地条件、树种的生物学特性和轮伐期等因素综合考虑。设计混交林还应该考虑采用适宜的混交方法。株间混交、行间混交、带状混交和块状混交等混交方法的确定要充分考虑主要树种和混交树种的种间关系，保证树种间不存在比较大的相克现象。

（五）造林季节的确定

根据树种的生物学特性和“因地制宜”的原则，结合当地的气候条件综合考虑造林季节，主要在春秋两季造林，部分地区可选择雨季或冬季。

各地栽植的时间，华北低山和平原为3月上中旬至4月上旬；东北地区为4月下旬至5月中旬；西北黄土高原东南部为3月上旬至3月下旬，西北部为3月中旬至4月上旬；新疆北部为3月下旬至4月上旬，南部为3月。

另外，我国西北、华北地区降雨多集中在7至9月，此时天气多连阴雨，土壤含水率高，空气湿度大，针叶常绿树种栽后成活率高。如：油松、樟子松、侧柏等适于雨季造林。雨季造林关键在于掌握雨情。不同地区雨季栽植的时间：华北地区为头伏末、二伏初；辽宁西部为二伏至三伏；西北黄土高原为7至8月。

秋季也是造林的好季节，西北、华北、东北地区可在苗木落叶后至土壤冻结前进行，一般在9月下旬至11月上旬。华中、华南地区秋季气温仍较高，主要树种多不在此季节造林。

（六）幼林管理设计

幼林抚育管理设计主要包括幼林抚育、造林灌溉、防止鸟兽危害、补植补种等，其中主要是幼林抚育。在设计时可根据造林地区实际情况，有所侧重和突出。比如灌溉，如不具备条件可不设计。

1. 幼林抚育

根据树种特性及气候、土壤肥力等情况拟定具体措施，如：除草方法、松土深度、连续抚育年限、每年次数与时间、施肥种类、施肥量等。培育速生丰产林，一般要求种植后连续抚育3~4年，前两年每年两次，以后每年1次；珍贵用材树种和经济林木应根据不同树种要求，增加连续抚育年限及施肥等措施。

2. 造林灌溉

对营造经济林或经济价值高的树种及在干旱地区造林，需要采取灌溉措施的，可根据水源条件开渠、打井、引水喷灌或当年挑水浇苗等进行造林灌溉设计。

3. 防止鸟兽危害

造林后，幼苗以及幼树常因鸟兽害而导致死亡。因此，除直播造林应设计管护的方法及时间外，在有鼠、兔及其他动物危害的地区造林，应设计捕打野兽的措施。

4. 补植补种

由于种种问题，造林后幼树往往会死亡，而发生缺苗的现象，达不到造林成活率的要求标准。为保证成活率，凡成活率41%以上而又不足85%的造林地，均应设计补植。应对补植的树种、苗木规格、栽植季节、补植工作量和苗木需要量等做出妥善安排。

（七）造林典型设计

造林技术设计通常有两种方式：一种是以造林地块（小班）为单位进行的造林技术

设计；另一种是分别以不同立地类型进行的造林技术设计。也就是说，把地块不相连接、立地条件基本相同、经营目的一致的小班作为一个类型，以类型为单位进行造林技术设计。这种设计对某一类型来说，体现了因地制宜，对设计本身来说，能起到典型示范作用，所以俗称“典型设计”。前一种方式，适用于局部小面积宜林地的造林设计。由于面积不大，小班数量不多，一般可在造林地小班调查的基础上，按小班进行造林技术设计；造林典型设计则多用于造林地面积较大，小班数量较多的造林技术设计。

典型设计的意义在于，某个立地类型的造林典型设计，适用于这个立地类型中经营目的一致的所有小班，因而不必逐个进行小班造林技术设计，可以大大减少内业设计工作量。典型设计具有条理化、标准化、直观明了、好懂易推行等特点，在我国各地广为应用。

1. 典型设计的编制

典型设计是在立地调查、造林地调查、林种规划、树种选择、各项造林技术及幼林抚育、保护等各项措施调查分析的基础上，综合设计出的一整套造林技术方案。

典型设计一般按立地类型分别进行编制。林种比较复杂的地区，典型设计应分别林种、分别立地类型编制。立地类型、林种及主要造林树种都较简单的地区，可按主要造林树种编制典型设计。不论按哪种方法编制的典型设计，均须依次编号，以利于造林小班应用典型设计时查找方便。

2. 典型设计的应用

应用典型设计的方法比较简单。通常按立地类型编制典型设计，因为某一立地类型的典型设计适用于该立地类型中经营目的一致的所有小班，所以，只要套用该立地类型的典型设计，每个小班都可以对号“入座”。但是，也往往会出现同一立地类型的小班可选用不同的典型设计，或者一个典型设计适用于几种立地类型的现象。这样，在施工中就有选择的余地。在设计过程中，可根据小班所处的位置、林种布局、造林树种的比例以及种苗来源等情况，经过综合分析而具体确定。尔后，将小班确定采用的典型设计（编号）准确地填写在《造林地小班调查表》相应栏内。

（八）种苗规划设计

必须做好种苗规划，按计划为造林提供足够的良种壮苗，才能保证造林任务的顺利完成。造林所需种苗规格和数量应根据造林年任务量和所要求的质量进行规划和安排。

1. 种苗规划的内容

种苗规划的内容一般有：年育苗面积，其中包括各主要造林树种育苗面积；苗圃规划；产苗量及苗木质量标准；年造林和育苗需种量，其中包括各树种需种量；种子来源及种子质量；母树林和种子园规划；等等。

在造林规划设计中只进行种苗规划，不进行单项设计。通过种苗规划，为育苗、种子经营及母树林建设等进行单项设计提供依据。因此，在造林规划设计后，应对种苗生产量做出具体安排。如需要，可进行单项设计。

2. 种苗需要量的计算

种苗规划前，必须根据造林规划设计掌握种苗规格质量、分树种造林面积和单位面积所需种苗量。同时，了解当地种子质量，如：纯度、千粒重、发芽率等。

（1）年需苗量

根据年植苗造林面积结合单位需苗量（初植用苗加补植用苗）进行计算。应分别计算年总需苗量和各树种年需苗量。

（2）年需种量

需种量包括直播造林、飞播造林和育苗所需种子数量。按规划的年直播造林、飞播造林面积及单位面积需种量计算造林年需种子数量，按年育苗面积及单位面积用种量计算育苗用种量。同时，应计算各主要造林树种年需种量和总的年需种量。

3. 育苗规划

（1）育苗面积计算

根据造林规划要求考虑，主要计算每年下种（包括插条）的育苗面积。留床苗面积根据苗木留床年限分别计算。

在计算每年播种育苗面积时，除了解年需苗量外还应调查当地各树种单位面积产苗量，然后计算各树种年播种育苗面积。在计算播种育苗面积时，要考虑增加一定数量的后备面积，以确保满足当年造林需苗量。此外，还应根据各树种苗木培育年限，计算各树种年留床面积和留床总面积。

（2）苗圃地规划

根据当地自然条件和林业生产水平，规划苗圃地的种类和育苗方式。如：固定苗圃、临时苗圃、容器育苗（或工厂化容器育苗）等。一般种类应以临时苗圃为主，它的优点是可以就地育苗、就地造林，避免长途运输，且苗木适应性强，有利于提高造林成活率。对育苗困难的树种或所需苗木规格要求高、临时苗圃不能满足要求时，可以建立固定苗圃，同时加强经营管理。

此外，对苗圃地选择、苗圃地耕作管理及苗木保护、运输等也应提出规划意见。

四、投资概算和预期效果分析

（一）投资概算的概念

投资概算是指在设计说明书（项目计划书）里对投资资金进行说明，以说明项目投资的基本情况。投资概算作为向国家或地方报批投资的文件内容之一，经审批后用以编制固定资产计划，是控制建设项目投资的依据；它依据概算定额或概算指标进行编制，其内容项目较简化，概括性大；概算编制内容包括工程建设的全部内容，如：总概算要考虑从筹建开始到竣工验收交付使用前所需的一切费用。

（二）投资概算的内容和方法

1. 概算定额

概算定额是依据概算定额编制人工造林投资概算的基础和依据，要严格按照“人工造林工程消耗量定额”编制造林概算。“人工造林工程消耗量定额”是以造林立地类型和模式为依托，以造林工序为基础，以造林技术规范为依据，按不同条件所进行的定额调查的基础上完成的技术成果，涉及我国各种立地类型和立地条件，包含了不同气候区下的造林模式。

“人工造林工程消耗量定额”标准涉及人工造林、飞机播种和封山育林的各个技术环节，主要内容包括：①造林地清理定额；②整地定额；③苗木准备定额；④造林定额；⑤抚育管理定额。

值得注意的是，“人工造林工程消耗量定额”仅仅提供了人工造林、飞机播种和封山育林等林业生产中人工、机械、材料和工具等指标（分项定额）的消耗量，可按照分项定额和对应的价格计算工程造价。相关指标的价格可根据各造林地区现阶段生产资料物价水平以及劳动力市场情况进行估算，苗木、肥料、种子等生产资料和劳力工价均采用市场咨询价取平均值。

2. 概算指标

依据概算指标编制人工造林投资概算。目前，比较有指导意义的概算指标标准是21世纪初颁布的《防护林造林工程投资估算指标》（以下简称《指标》），该《指标》解决了防护林造林工程在规划、可行性研究中的造林投资估算问题，也解决了防护林造林工程在核查、竣工验收等方面无章可循的问题，同时，也为按实际需要投资造林提供了可靠的依据，为实现高质量造林提供了可靠的保障。《指标》为各省份制定本省的防护林造林投资标准提供了依据，在人工造林绿化中可以参考其中部分内容并选择使用。

该《指标》的指标体系、技术参数、调整系数等具有可操作性，能够被从事营造林工程活动的管理人员、施工人员、专业技术人员理解和掌握。《指标》的范围涵盖防护林造林工程的各项内容、各个环节和各道工序。《指标》中各项内容、指标体系、技术参数、调整系数等基本做到了定性与定量的科学结合和统一。

（1）指标体系的筛选

指标体系的构成要素是指与造林工程建设紧密结合并要考虑的所有条件和因子。例如，种造林方式、造林模式、造林作业工序与立地条件等。

（2）指标的标准化

为使投资估算指标满足造林工程对投资估算的要求，指标必须建立在科学性、可操作性、可比性和适用性的基础上，以期通过每一个标准化的指标达到科学测算造林工程投资的目的。因此，要对每一个具体的数字指标进行标准化。例如，人工造林中抚育年限和管护年限的指标，规定南方 3 年、北方 5 年；管护费用指标南北方均为每年 248 hm^2。又如，在飞播造林中规定飞行费每个架次为 5 200 元；调机费每个架次为 4 200 元；飞播作业费每个架次为 15 000 元；等等。

（3）估算指标的建立

通过三个表建立起系统的投资估算指标，这三个表分别是《人工造林投资估算指标表》《飞机播种造林投资估算指标表》和《封山（沙）育林投资估算指标表》。这三个表解决了全国各地不同条件下的造林投资问题，为造林投资决策提供了可信的依据。

（4）指标体系的构建

指标体系由造林方式、林种、立地条件、造林模型和造林作业工序构成。主要技术参数是对指标体系取值范围的具体描述，它规定了各个指标体系的取值范围和方法，明确了应用技术参数的要求，技术参数是指标体系的刚性数据，在取值时不能随意改动。

技术参数：《指标》给出了“人工造林主要技术参数”“飞播造林主要技术参数”和“封山（沙）育林主要技术参数”，其中，“人工造林主要技术参数”包括有苗木、初植密度、树种混交与比例、林地清理、整地、栽植、未成林抚育管护 7 项技术参数；1 个种子、苗木价格技术参数和 1 个劳动力工价技术参数。

指标的使用与参数调整：《指标》共列出 101 个造林模型的造林投资估算指标，这些模型基本包括了全国主要防护林造林类型，通过这些模型可方便、准确地查找出相关造林类型的投资指标。

在不能够涵盖全国所有防护林造林类型的情况下，可在明确技术参数的基础上，通

过调整系数对101个造林模型中的技术参数进行调整，可实现对全国所有防护林造林类型投资估算指标的查询。调整的条件是，防护林实际造林费用估算值若超出模型费用值10%以上，方可允许进行调整。主要调整对象包括初植密度、林地清理、整地、苗木栽植及抚育的5项用工定额和一项管护面积。

五、规划设计文件编制

造林规划设计成果，主要反映在造林规划设计说明书、专题图（土地利用现状图、立地类型图和造林规划设计图）、表格（各种统计表）以及有关专项调查研究报告等方面。

（一）编写造林规划设计说明书

造林规划设计说明书是造林规划设计的主要成果之一，是合理安排生产、指导施工等方面的综合性文件。要求论据充分，文字简练，通俗易懂。造林规划设计说明书的包括以下主要内容：

1. 前言

简述造林规划设计产生的背景、完成的过程，设计工作所依据的规程、标准、文件和要求等，规划设计人员的组织，工作方法及存在的问题。

2. 基本情况

简述造林规划设计地区的地理位置（范围、面积）、自然条件（地形、地势、海拔高、主要山脉、河流、水文、气象、地质、土壤、植被分布等）和社会经济情况（总人口、劳动力、耕地面积、粮食产量、群众生活、交通、通信，林业生产历史及现状和它在当地国民经济中的地位等）。

3. 区划

简述造林规划设计地区的区划原则、方法和结果。

4. 立地类型划分

阐明划分立地类型的依据及所划分的立地类型。要求用表格和文字加以详细说明。

5. 造林技术设计

从技术层面论证造林技术的科学性、合理性。造林技术设计主要从造林整地、造林密度、造林树种组成、混交比例、造林季节、造林方法、幼林抚育管理、幼林保护等方面进行阐述，表达的方式可以用文字、图表、表格等。一般以立地类型为单位，采用造林典型设计进行技术设计。

6. 造林总工作量及年度施工任务量安排

阐明该造林区总造林面积及任务分解。阐明各宜林地要落实的造林面积，各树种的造林面积，各立地类型的造林面积，以及各林班、小班或者各乡、镇、自然村的造林面积。另外，要说明造林预计在未来几年内完成，并说明起止年月。造林任务不能在一年完成的，应说明计划造林的年份及每年的造林面积。

7. 种苗需要量及年度育苗量

说明完成该项造林任务共需要的苗木种类、数量和规格，并详细说明每个造林年份或每个林班、小班所需要的苗木的种类、数量和规格。如果通过市场采购无法保证造林需要，则要说明具体的育苗计划，阐明提前育苗的时间和每年的育苗面积、育苗树种或种类、育苗数量及规格。

8. 按生产环节说明用工量和总用工量

阐明各年度育苗、整地、造林和幼林抚育四个环节用工量。

9. 投资概算

阐明完成该项造林任务的总投资，详细说明各年度用于育苗、整地、造林和幼林抚育四个环节的投资额。

10. 预期效果分析

客观说明实施造林项目所带来的综合效益，最好用数字估量项目带来的经济效益和生态效益，宏观分析其社会效益。

（二）编制表格

造林规划设计成果中的表格可根据调查规划的广度和深度而有所变化。在造林规划地区进行全面区划、调查的森林资源方面的调查结果，应按《造林技术规程》中的有关要求制表、填写并统计；假如在造林规划设计地区内只进行宜林地的区划、调查，则可按当地有关部门要求的表格形式和内容进行统计。

（三）绘制专题图

土地利用现状图、造林地区立地类型图、造林规划设计图等，是造林规划设计成果的图件记载和规划设计文件重要的组成部分。根据这些图件，对宏观了解造林地区的林业自然资源，科学实施造林工程有重要的作用。因此，依据外业调查资料的统计和内业设计绘制而成各种专业图的质量直接影响到规划设计的质量高低。

第二章 林业绿色经济

第一节 林业绿色生产与消费

一、林业绿色生产

（一）林业绿色生产理论分析

林业绿色生产与林业清洁生产有相同之处，林业清洁生产是指既可满足林业生产需要，又可合理利用资源并保护环境的一种实用的林业生产技术。其实质是在林业生产全过程中，通过生产和使用对环境友好的“绿色”农用化学（化肥、农药、地膜等），改善林业生产技术，减少污染的产生，降低林业生产、产品和服务过程对环境和人类的风险。林业绿色生产不仅包含林业清洁生产的要求，而且更加强调绿色健康、保护环境、节约资源、可持续发展等理念。

林业绿色生产追求两个目标：一个目标是通过资源的综合利用和循环利用、短缺资源的代用、二次能源利用等节能降耗和节流开源，实现林业资源的合理利用，延缓资源的枯竭，实现林业可持续发展；另一个目标是减少污染的产生、迁移、转化与排放，提高林产品在生产过程和消费过程中与环境相容程度，降低整个林业生产活动给人类和环境带来的风险。

林业绿色生产是污染的持续预防。林业绿色生产是一个相对的概念，所谓的绿色投入、绿色产出、绿色生产过程是同传统生产相比较而言的，它是从林业生态经济大系统的整体优化出发，对物质转化和能量流动的全过程不断地采取战略性、综合性、预防性措施，以提高物质和能量的利用率，减少或消除污染，降低林业生产活动对资源的过度利用及对人类和环境造成的风险。因此，林业绿色生产本身是在实践中不断完善的，随着社会经济的发展、林业科学技术的进步，林业生产需要适时提出更新目标，争取达到更高水平，实现污染持续预防。

林业绿色生产不仅是林业生产全过程的控制，即从整地、播种、育苗、抚育、收获的全过程，采取必要的措施，预防污染的发生，而且是林产品的生命周期全过程控制，即从种子、幼苗、壮苗、果实、林产品的食用与加工的各个环节采取必要的措施，实现污染预防控制。

林业绿色生产包括三个方面的内容：一是绿色的投入：指绿色的原料、设备和能源的投入，特别是绿色清洁的能源（包括能源的清洁利用、节能技术和利用效率）；二是绿色的产出：主要指绿色的林产品，在食用和加工过程中不致危害人体健康和生态环境；三是绿色清洁的生产过程：采用绿色清洁的生产程序、技术与管理预防控制污染。

（二）林业绿色技术创新及应用实践

1. 林业绿色技术创新

林业绿色技术创新主要包括林业绿色产品设计、绿色材料、绿色工艺、绿色设备、绿色回收处理、绿色包装等技术的创新。

（1）林业绿色产品设计

完善的绿色产品设计技术是使企业绿色生产由被迫转向自觉实现的基础条件。绿色产品除其功能、外观须迎合市场需求，同时必须具备全生命周期的绿色性。这就要求在产品设计阶段就考虑到今后在生产、使用过程中的资源、能源消耗及报废后的回收处理方法。要求企业组织多功能团队进行并行设计、虚拟生产，使产品在全生命周期中可能发生的问题在设计阶段就得到解决。对产品生产过程、资源利用率、环境特性、可拆卸性等进行仿真，使产品开发一步到位，免去试生产，缩短开发周期，降低设计成本。在产品成本中，设计成本可达到总成本的60%~80%，降低设计成本对企业效益具有极其重要的意义。企业须调整产品结构，使产品合理化、系列化，具体产品结构简单化。对零部件标准化、模块化、通用化设计，提高产品的可拆卸性，从而提高产品或其零部件的回收利用价值。为此，企业必须建立绿色产品设计的数据库、知识库，把设计工具与环境信息、成本信息集成，为绿色设计、绿色材料选择和回收处理方案设计提供数据和知识支撑。

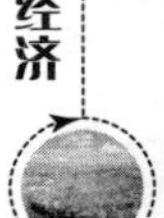

（2）开发使用林业绿色材料

用于绿色产品的材料必须是绿色材料。企业选择绿色材料应满足以下要求：①材料在形成过程中未受污染，在产品的生产、运输、存储、使用及废弃处理过程中，材料对环境无毒、污染小，由于材料而引起的资源、能源消耗少；②材料易回收，可重用，可降解；③减少对稀有材料的使用，并尽量减少材料使用总量；④使尽量多的零件采用相同材料，减少多样化材料的采购成本。企业应大力开发绿色材料，使其应用可减少后续加工工序、使产品节能降耗、轻质化等。

（3）使用林业绿色工艺

绿色工艺主要包括绿色生产加工工艺、生产过程中的绿色污染处理工艺、绿色回收处理工艺等。各种工艺应简捷化，缩短工艺流程，节能降耗，以降低工艺成本。加工工艺应不使产品产生毒性变化，无“三废”排放。如生产过程将产生污染，则要设计好加工过程中的污染处理工艺，使污染的产生和处理一同在生产过程中实现。企业应坚决淘汰能耗、物耗高，对环境污染严重的各种工艺。

（4）开发使用林业绿色设备

绿色生产企业应使用节能降耗、生产率高、密封性好、噪声小、振动小的绿色设备。故企业应加大投入，组织技术人员大力开发具有结构、功能集成性的设备，使工艺流程缩短，减少设备使用台数，提高厂房和人力资源的利用率。如：高速数码喷印设备，改变了人力、物力、财力消耗大、环境污染严重的传统印染设备，免去一次次的冲洗工艺，印花过程速度快、无污染、无浪费。

（5）林业绿色回收处理

对于具有可重用、再利用价值或其自行消解过程会引起环境污染的报废产品，企业应设立回收网点进行回收处理，并在产品说明书上给消费者以提示。回收网点应根据成本分析和环境评价对报废产品进行分类、拆卸和处理处置。要求处理过程能耗、物耗小，具有环境安全性。

（6）林业绿色产品包装

包装物本身也是产品，同样应该是绿色产品，当所包装的主体产品为绿色产品时的包装物更应该是“绿色”的。包装物结构和外观形式设计应以满足产品传递安全可靠需求为目的。要求包装物在全生命周期中资源、能源消耗少，对人、环境危害性小。包装材料的选择，必须保证具体林产品的安全性与完好性等，并要求具有可重复利用、可回收和可降解的性质。

二、林业绿色消费

（一）林业绿色消费理论分析

1. 内涵

绿色消费作为消费者对绿色产品的需求、购买和消费活动，是一种具有生态意识的、高层次的理性消费行为。林业绿色消费是在绿色消费的界定下包括：消费无污染的林产品；消费林产品过程中不污染环境；自觉抵制和不消费破坏环境或大量浪费资源的产品；等等。

林业绿色消费所指不仅是消费林业产品、林副产品，还有林业文化产品，包括林业生态旅游、野营度假、休闲游憩等。大力发展森林公园、湿地公园、自然保护区和沙漠绿洲旅游事业，有助于人们回归自然，陶冶情操，丰富人们的物质文化生活，提高人们的生活质量。发展城市林业和乡村林业，建设森林城市和生态乡村，全面贯彻绿色生产，促进绿色消费，优化人居环境，保护林业自然资源，提高人民生活健康指数。

2. 特征

绿色消费作为一种新型的消费方式，它不仅有别于传统消费，更多的是具有环保意识、健康文明、无污染，它与传统消费本质上存在差别。林业自身所具的生态属性，在林业绿色消费模式上具体体现在：

首先，林业绿色消费的主体不同于以往的消费主体。绿色消费的主体必须有环境保护的意识，必须有高水准、高层次、健康发展的消费意识。而传统的消费者没有这些思想意识，消费产品是他们唯一的目的，而消费过程中产生的任何问题他们是不会去关注的。林业绿色消费主体自身环保意识强，体现在两个方面：第一，主动消费绿色林产品，自觉抵制生产污染大、环境破坏性的林业产品；第二，体验型林业消费过程中注重环境保护。绿色消费者必须以环境保护为消费产品的前提，要正确认识绿色消费对人类和自然界环境带来的影响，要审视自身的消费观念和行为，要清楚地认识到如今人类的不良行为对环境造成的污染，对资源的过度消耗造成的资源匮乏和浪费，要看清人类的行为造成的自然界环境气候的变化及自然界对人类行为的惩罚。认识到这一点，消费者才能在日常消费过程中，倾向于选择绿色、环保、安全、健康的产品，提倡节约型、健康型、适度型、无公害型消费，才能促使消费者走向绿色消费的选择。绿色消费者更加注重精神生活，追求简单轻松的生活方式是他们的生活价值取向，他们排斥物欲主义。

其次，林业绿色消费的客体除环境保护、无污染、无公害的健康的林业绿色产品与

劳务外，还包括与森林生态相关的体验型消费，如：森林旅游项目、国家公园开发等。绿色产品即无污染、无公害、能减少资源浪费、可再生利用的健康的产品，林业绿色产品即为符合绿色产品标准的林产品。

再次，林业绿色消费的目的较传统消费有所改变，林业绿色消费的目的是环境保护与人类健康文明协调发展，促进林产业可持续发展。环境保护和人类健康文明发展即我们常说的人文环境关系，实质上而言，人类是大自然界的一个生物，是自然界的一部分，与其他生物一样都是以自然环境为生存和发展的基础，因此自然环境是影响人类生存和发展的关键因素。近年来，随着人类对自然界环境的不断破坏，我们生存的环境变得恶劣，恶劣的环境也给我们人类带来了很多灾难性的破坏，因此人类在改造和利用自然界资源过程中，要以不破坏生态平衡为前提，不能只片面强调人类的利益，而忽视了自然环境及其规律对人类活动的约束与限制，否则饱尝苦果的最终还将是人类自身。因此，环境保护和人类健康文明发展两者必须协调发展，才能促进生态环境的平衡发展，要懂得如何去爱护我们赖以生存的大自然，科学地改造和利用自然资源，使人类社会的发展能与自然界共生共荣，谋求人地关系的协调发展。否则，人类将承担自己行为造成的后果。因此，为了实现人地关系的协调发展，人类必须转变消费观念，推行绿色消费，端正自身消费行为。

最后，林业消费本身具有绿色生态属性，绿色消费的根本目的就是实现人与环境的全面发展。林业绿色消费要求人们主动选择环境友好型林业绿色产品，从消费终端影响林业生产，让生产不合规的林产品不再坐享市场，从而改进生产工艺；另外，林业所具有的生态属性要求绿色消费过程的环保与健康。人们通过对绿色消费的认知和理解，可以为自身创造一个健康、绿色的生存环境，给自身的生存环境提供一个良好健康的空间，同时也为子孙后代打造一个平衡稳定的生存环境。林业绿色消费理念与实践的推广，有利于林产品生产链条的技术创新、产业升级，营造利好的生产环境与生态环境，更合理地利用林业资源、减少破坏与污染，所有这些都需要绿色消费者的共同努力。

（二）林业绿色消费实践

1. 林业循环经济

发展林业循环经济，实行清洁生产机制，构建资源节约型、环境友好型社会，通过实施“减量化（Reduce）、可循环（recycle）、再利用（reuse）”的“三 R”原则，实现资源低消耗、生产高效率和污染低排放，达到经济系统与自然生态系统的和谐相容，从而实现经济、环境和社会的可持续发展。林业的贡献在于：按照国家主体功能区规划，实施保护生态环境，恢复自然植被、节能减排，降低生产成本，发展生物质材料、生物质能源，以及木质、非木质资源的节约利用、循环利用、综合利用、高效利用和持续利用。

2. 开展森林认证

森林认证是由独立的第三方，按照既定标准，对森林经营进行验证的过程。包括森林经营认证、产销监管链认证两个基本内容。其主要目标是实现森林可持续经营。

3. 建立森林碳汇机制

根据《联合国气候变化框架协议公约》，碳汇是指从大气中清除二氧化碳的过程、活动或机制。与之相对应，森林碳汇则是指森林生态系统吸收大气中二氧化碳并将其固定在植被和土壤中，从而减少大气中二氧化碳浓度的过程。当前，气候变暖已成为全球国际化进程中所面临的共同的、最主要、最广泛、最具代表性的生态问题之一。《京都议定书》作为应对全球气候变化的纲领性文件，使得清洁生产机制下的造林再造林碳汇项目正式进入了实质性操作阶段。森林碳汇为推进森林多功能利用，实现森林生态系统经营提供了全新的平台和途径。

4. 森林资源价值核算及纳入绿色 GDP

建立绿色国民经济核算体系。在经济持续高速发展中，计入资源环境消耗的成本，科学地反映发展的质量和效益，是国家实施和谐发展、持续发展和科学发展的必然趋势。

5. 废旧木材及采伐剩余物循环利用

废弃木质材料是指木材加工及木制品制造业的加工剩余物，住房装修的木质边角废料、城区改建与拆迁、办公用品更新等所产生的废弃木制品及各类废旧纸料和纸板等。美国把废弃木质材料称为“第四种森林”（倒在地上的森林）。

第二节　林业绿色采购与贸易

一、林业绿色采购

（一）内涵

绿色政府采购是指政府采购在提高采购质量和效率的同时，从社会公共的环境利益出发，综合考虑政府采购的环境保护效果，采取优先采购与禁止采购等一系列政策措

施，直接驱使企业的生产、投资和销售活动有利于环境保护目标的实现。政府采购的绿色标准不但要求末端产品符合环保技术标准，而且要按照产品的生命周期标准使产品设计、开发、生产、包装、运输、使用、循环再利用到废弃的全过程均符合环保要求。推行绿色政府采购是一种趋势，更是实现人与自然、环境、资源协调持续发展的内在要求，是政府在购买商品、服务、工程过程中重视生态平衡和环境保护的体现。在过去几十年中，越来越多的国家把公共采购政策作为达到可持续发展目标的一种途径。

在政府采购“绿化”运动的背景下，一些国家的林产品政府采购政策便应运而生。“林产品绿色政府采购”是政府采购中的新兴领域，目前对于其内涵尚无明确统一的定义。通过分析对比目前一些国家林产品绿色政府采购政策目标，结合世界森林保护发展现状，“林产品绿色政府采购政策”的基本内涵可概括为：在政府公共采购中，采购合法的、可持续来源的林产品。木材产品来源的“合法性”和“可持续性”是林产品绿色政府采购政策实施的两大基本标准。由于可持续目标并不能在短期之内达到，一般在“合法的”和“可持续的”之间加入一个中间要素，即“合法的并朝着可持续方向努力的”。

（二）特征

“林产品绿色政府采购”兴起的原因和目的是打击木材非法采伐及贸易，确保木材产品来源的合法性是其首要目标。终极目标是通过采购可持续的木材，促进世界森林的可持续经营和发展。因此，林业绿色采购不仅具有绿色采购的普遍特征，比如，环保、安全和有利于健康和环境等，而且合法性和可持续性是林业绿色采购的两大显著特点。

二、林业绿色贸易

（一）林业绿色贸易理论分析

1. 内涵

林业绿色贸易是与绿色贸易的理念一脉相承的，林业绿色贸易是指在林业领域实现绿色贸易，即让贸易与环境保护协调发展，生产过程绿色化，提供绿色林产品，实现消费的可持续发展，经济效益、社会效益和生态效益并重，并达到维护社会及国际公平的目的。

2. 特征

林业绿色贸易有以下三个显著特点：

（1）林业可持续发展

绿色贸易注重可持续消费，不仅是在资源开发、生产、运输、销售、使用和废旧物的处理处置等各个环节都最大限度地按照绿色目标的要求开展，还要对各国相关的进出口政策进行研究。因此，林业绿色贸易不仅从生产的源头上注重可持续生产与利用，并且在消费理念中也渗入可持续发展的思想。

（2）以市场为导向

贸易是全球经济的重要方面，对全球生产、消费有着重要的引导作用。林业绿色贸易能够促进供应商进行绿色生产，可以在一定程度上引导、拉动和培育绿色经济市场，能够对绿色产业、绿色技术和绿色消费市场产生推动作用。

（3）多学科知识的综合

林业绿色贸易不仅涉及到林业方面的相关知识，而且需要国际贸易、国际法等基础学科与资源环境经济学等相关领域知识。贸易是经济活动的主要方面，尤其带动的生产和消费直接影响经济社会资源、自然资源的有效配置，因此，需要林业经济学、国家贸易学、法学等相关知识对贸易行为进行规划和管理。

3. 体系构成

（1）产品

依据贸易的四个层面：鼓励贸易、许可贸易、限制贸易和禁止贸易，绿色贸易体系可以将产品分为鼓励贸易类产品、限制贸易类产品、禁止贸易类产品和许可贸易类产品。

鼓励贸易类产品指生产过程及产品本身节约能源和资源，并对环境友好的产品，例如，环境标志产品/生态标志产品、绿色食品等；限制贸易类产品是指不利于节约资源和改善生态环境的产品，例如，一些高能耗产品；禁止贸易类产品是指对环境造成污染损害，破坏自然资源或损害人体健康的产品；许可贸易类产品是指非鼓励贸易类、限制贸易类和禁止贸易类产品，大多数产品属于这一类型。

（2）企业

在企业层面可以将企业分为鼓励贸易类企业、许可贸易类企业、限制贸易类企业和禁止贸易类企业。

鼓励贸易类企业是指其产品质量符合环境标准和要求，其环境管理通过环境管理体系认证的企业，这类企业包括“国家环境友好企业”“绿色”企业等；许可贸易类企业是指非鼓励、限制和禁止贸易类企，大多数企业属于此类企业；限制和禁止贸易类企业一般指严重污染企业，对这类企业，除依照环境法律法规予以“关、停、并、转”外，从贸易方面也要给予取消许可证、外贸经营权。

（3）行业

根据行业综合污染水平、产值量及贸易额等指标，在行业层面构筑绿色贸易体系同样可以分为鼓励贸易类行业、许可贸易类行业、限制贸易类行业和禁止贸易类行业。这里的贸易额作为一个参考指标而非约束指标，因为现实的贸易总量并非代表未来的贸易总量，产值量才是决定未来贸易量的约束因素。

（4）森林认证

森林认证是在20世纪90年代初发起并逐渐发展起来的，它是按统一的标准和指标体系对森林经营进行持续评估认证，其目的是确保产品所使用的木材源于经营状况良好的森林，促进森林可持续经营的一种市场机制。目前，多个政府和非政府组织制定了20多套认证标准，其中PEFC和FSC森林认证是目前在国际上得到了广泛承认的森林认证体系，森林认证通常包括森林经营的认证（FMC）和林产品产销监管链的认证（COC）。欧美一些国家为了顺应公众的绿色消费潮流，相继宣布将调整其公共采购政策，优先购买经认证的木材和产品。英国的朗伯斯地方政府是第一个指定使用FSC森林认证木材的地区，希思罗机场隧道工程所用的木质产品也指定要求是采用经过FSC森林认证的。美国对我国家具出口倾销采取的措施是先起诉，起诉失败就利用森林认证建立绿色壁垒。如果这种行为及方法上升为法律层面，将给我国林产品出口造成重大冲击。目前，许多发达国家并未强制所进口林产品必须通过森林认证，但随着全球绿色环境生态观念的不断深入，森林认证上升为强制认证这天很快就会到来，这也将成为我国林产品出口贸易一个大的隐患。

获取森林认证，建立企业环境保护品牌，从而顺利进入国际市场，已经成为我国林产品出口贸易企业主要发展方向。目前，我国林产品加工企业达几万家之多，但能过FSC认证的企业很少，在PEFC的官方网站上甚至看不到中国林产品企业，而相比已经全部通过FSC认证的英国林产品加工企业来说，我国在认证方面与国外的企业差距相当大。这种差距如果不能尽快缩小，对我国林产品出口贸易将会带来不可估计的损失。

由此可见，强制森林认证对我国林产品出口贸易企业产生的影响主要包括：企业利润大幅下降，企业成本大幅上升，低利润企业直接淘汰出市场，原有高利润企业市场份额严重缩减，我国林产品出口总量大幅下降。

（二）林业绿色贸易壁垒形式

1. 严格的绿色技术标准

受经济发展、技术水平、生产工艺及生产成本的限制，我国家具、人造板等木质林产品生产过程中所使用的原辅料中，往往含有甲醛、苯、砷、铅等有害物质。在产品的正常消费使用过程中，这些有害物质的释放对人类健康产生严重损害的同时，也造成了环境的污染。一些国家纷纷对进口木质林产品制定了大量的绿色技术标准，对木质林产品提出更高水平的环保要求。目前，一些国家对进口木质林产品中有害物质，如：甲醛、苯酚、铬、有机挥发物的限量标准远高于我国的国家标准确定的范围。

2. 各种认证制度

近年来，认证正逐渐成为一些国家实施各种形式技术标准的重要工具。从认证的类别划分，主要分为企业体系认证和产品认证。国际常见的企业体系认证包括 ISO 9001 质量认证，ISO 14001 环境体系认证，以及 SA8000、WRAP 或 BSCI。产品认证种类众多，不同产品、不同市场，面临着不同的认证要求，如：木质林产品有 FSC 国际认证、美国 CARB 认证等。尽管相当部分认证属于自愿性质，但越来越多的国家对进口产品提出认证要求，从而具有强制性质。如：我国林产品出口欧盟、美国等国家和地区，必须通过 ISO 9001 国际质量管理体系认证及 ISO 14001 环境管理体系认证。

3. 苛刻的卫生检验检疫措施

随着经济的全球化，外来生物入侵已成为世界关注的热点问题。外来有害生物是反映在一定区域内，历史上没有自然发生而被人类活动直接或间接引入的有害生物，一旦这种外来有害物可以在当地定殖，由于没有自然天敌的制约，其种群将迅速蔓延失控，造成本地物种濒临灭绝，继而引发其他灾害发生，从而破坏当地生态或经济。外来有害生物入侵的生态代价是造成本地生态多样性不可恢复的消失以及一些物种的灭绝，严重地威胁本地生物多样性保护和持续利用及人类生存环境，同时付出农林渔业产量下降的经济代价。在国际林产品贸易中，木质包装作为国际贸易中使用最为频繁的包装材料，有效保障了商品运输的安全和便捷；但兼具植物产品和进出口商品载体双重身份的木质包装，也是有害生物传播和扩散的载体，木质包装中往往可能携带病虫害，给进口国带来潜在的危害，因而各国政府存在严格的卫生检验检疫制度。《卫生与植物检疫措施协议》规定，在非歧视原则下及不对国际贸易构成变相限制的条件下，各缔约方有权采取 SPS 措施以保护国内人民、动植物的生命或健康安全，如：防止食品和饮料中的污染物、毒素、添加剂以及外来动植物病虫害传入的危害。然而关键的问题是，SPS 措施条款内容过于模糊，具有宽泛的弹性空间，对缔约国采取的检验检疫措施约束力不强，一些国家大多利用 SPS 协议的漏洞，利用先进的技术，制定高于国际标准的卫生检验检疫措施，在最终产品标准、检测、检验、出证和审批批准程序、产品包装等方面对进口国提出种种苛刻要求，增加出口产品成本，从而达到限制进口的目的。

第三节 林业绿色投资与金融

一、林业绿色投资

（一）绿色投资概述

1. 绿色投资的界定

绿色投资作为一种投资的新兴模式，随着可持续发展和绿色经济理念的兴起而逐步发展。现阶段关于绿色投资的研究不断丰富，虽然学者们对其定义各有侧重，但是存在一些共通的内涵。

有的学者将绿色投资等同于环境保护投资；有的学者从个人投资理财出发，认为绿色投资是“依据国际间普遍接受的道德准则，来筛选实际的投资理财活动”。在借鉴了道德投资基本观点的基础上，认为绿色投资是“依据国际普遍接受的绿色思想，发挥个人道德良知，将之具体实践于个人生活中所有投资理财行为，以促使社会公平正义之统合行动”，并且在此基础上认为绿色投资是指在环境保护和可持续发展思想的指导下，以资源科学合理利用、环境保护为基本原则，以社会责任投资为手段，实现人与自然和谐、人与人和谐、经济发展与环境和谐，从而达到生态平衡、世界和平、民主自由的投资活动。

绿色投资与绿色 GDP 相关，并提出“绿色投资”的范围可分为大、中、小三种口径。小口径，就是治理环境污染的投入，包括用于环境保护、污水排放、固体废弃物处理等设施、设备和有关费用支出；中口径，就是在小口径的基础上，再加上资源有效开发和节约利用的投入，包括用于节能、节材、节水、节地等措施的费用支出；大口径，就是凡能推动“绿色 GDP”增加的投入，均可属于“绿色投资”，亦即在现有社会投资总量中扣除不构成“绿色 GDP”的无效投资甚至是负效投资，扣除对人类生存和发展的无益投资甚至是有害投资，这种“绿色投资”是最能体现以人为本和经济社会可持续发展的投资，是最能体现科学发展观的投资。

绿色投资在投资行为中要注重对生态环境的保护及对环境污染的治理，注重环保产业的发展，通过其对社会资源的引导作用，促进经济的可持续发展与生态的协调发展。它考虑了经济、社会、环境三重底线，顺应了可持续发展战略，促使企业在追求经济利益的同时，积极承担相应的社会责任，从而为投资者、融资方和社会带来持续发展的价值。

绿色投资与环境保护、社会和谐、经济发展等有密切的关系，其基本含义是指在可持续发展和社会和谐思想的指导下，以保护资源与环境为核心，以承担社会责任，促进人与自然和谐，兼顾经济、环境、社会三重盈余为基本要求，从而实现社会经济可持续发展及社会和谐的投资活动。该绿色投资的定义包含三个方面的内容：首先，要求投资者重视环境保护，努力实现经济与环境、人与自然的和谐统一；其次，投资者须承担社会责任，要求投资者的投资能够带来社会效益，包括经济增长、增加就业、促进人体健康、世界和平等；最后，要求投资在保证前两者的基础上产生经济效益，增加绿色国内生产总值（GGDP）。

综上所述，对于绿色投资的定义均包含了经济、社会、环境三个方面，认为绿色投资是增加绿色国内生产总值，承担社会责任与道德要求的一种新型投资模式。这里认为绿色投资是在社会经济增长过程中，针对生态环境不断恶化、资源压力不断增强的状况，为了扭转这种经济增长与自然资源和自然环境之间的矛盾，提出的一种符合生态文明、可持续发展要求的新型的投资模式。

2. 绿色投资的产生

和平与发展成为时代的主题，各国都在和平的大环境中致力于发展本国经济，一时间世界经济飞速发展，但是问题也接踵而来。从工业革命以来，经济发展伴随的资源掠夺式开发利用和环境污染，全球变暖、资源短缺、极端天气等环境问题成为笼罩在人们心中的阴影。粗放型经济发展带来的一系列环境问题使人们不得不思考依靠资源过度消耗从而实现经济快速增长的传统方式是否真的实现了人们想要的发展。由此，可持续发展和绿色经济理念开始发展、丰富，成为绿色投资的理论基石，也促进绿色投资的产生和发展。

在对经济发展和环境保护的讨论日益激烈的同时，循环经济理念也在不断发展壮大，绿色投资作为循环经济发展的资金导向理论也逐渐被学者和大众所关注，相关理论不断丰富，理论框架随之发展。利用绿色投资发展循环经济，有利于解决资源与环境问题。经济发展要摒弃污染环境、破坏资源的模式，走上可持续发展的道路。实践表明，传统经济不能做到环境保护，“先污染，后治理”的做法也遭到失败，只有循环经济才是出路。而循环经济需要在生产过程中进行大量投入，以便从整个生产过程、消费过程来节约资源和循环利用。绿色投资引导资金投向，为发展循环经济提供了充足的资金准备，是实现循环经济的重要途径。循环经济的发展离不开绿色投资的支持，所以循环经济理念的不断丰富促进了绿色投资的发展。

此外，绿色投资在绿色经济发展的基础上进一步发展。绿色经济要求经济发展的同

时节约资源、减少污染，这一特征决定了绿色投资是发展绿色经济的必要途径。正是因为绿色经济的发展需要，学者们才开始提出绿色投资这一经济发展概念，并在绿色经济的要求和框架下对其进行研究和补充，绿色投资作为绿色经济的发展途径随着绿色经济概念的产生和发展而不断丰富自身理论，为绿色经济的发展贡献力量。

（二）林业绿色投资分析

1. 内涵

林业作为绿色环保产业的重要环节，在绿色经济与可持续发展中具有重要作用。林业绿色投资不是绿色投资与林业的简单相加，而是绿色投资在林业产业上的有机运用。现阶段对于林业绿色投资的相关研究较少，主要集中于在对林业企业的绿色投资问题的讨论。

林业绿色投资同样与绿色 GDP 密切相关，是在林业产业中以增长绿色 GDP 为目标的相关投入。林业绿色投资是“社会责任投资”的一部分，它考虑了经济、社会、环境三重底线，是一种基于环境准则、社会准则、金钱回报准则的投资模式，在林业相关产业中对于经济、社会、环境的平衡至关重要。林业企业的目标不仅是最大化股东回报，也包含着社会责任与利益相关者诉求，对于环境与生态的贡献也是林业企业的重点考察因素，所以林业绿色投资也是未来林业企业的发展方向与必然趋势。

在道德投资方面，林业绿色投资也有所涉及，绿色不仅指环保和生态，更包含公平与效率。林业绿色投资是指在环境保护和可持续发展思想的指导下，以资源科学合理利用、环境保护为基本原则，以社会责任投资为手段，实现人与自然和谐、人与人和谐、经济发展与环境和谐，从而达到生态平衡、世界和平、民主自由的林业投资活动。这一概念包含了林业绿色投资对和平、民主、自由、和谐的道德要求；另外，林业绿色投资也是更为高效、简洁的投资方式，它追求形式与实质上的双重便捷，为减少浪费、提高资源利用效率、加强沟通交流提供了新的模式。对于公平方面，林业绿色投资同样十分关注，投资主体和受众的差异化丰富和发展了林业投资，也相对减小了风险，但是在另一方面，差异化也带来了资金集中，小型企业投资和融资难的问题，加大了企业甚至产业之间差距，产生了不公平现象。林业绿色投资追求投资获得的公平，力求资金的合理公平分配，为广大投资活动参与者提供高质量的对应服务与资源配置，这与上述林业绿色投资所要求的道德投资、人与人的和谐是不谋而合的。

2. 特征

林业绿色投资的特征集中在与传统投资的比较上，通常包括注重生态、经济和社会的平衡，考虑公平、民主、自由等。

林业绿色投资与传统投资模式相比，与环境保护、绿色财富等息息相关。①林业绿色投资将环境保护视为投资活动的重要目标。目前，无论中国还是世界上其他国家，工业化使经济进入快速发展阶段，但资源消耗量大，污染严重，生态基础薄弱，这一系列矛盾相互交织并不断激化。绿色投资的概念，是经济增长得以持续的基础，可以引导资金的流向，调节国民经济结构，使之向生态型经济发展。而且绿色经济的发展不仅会为绿色金融提供资金来源的支持，还会为绿色金融提供良好的资金运转渠道。②林业绿色投资形成的绿色资本是一种能够推动绿色财富增长的资本。这种绿色资本投资所形成的生产力，是人类在长期的生产中探索出的人与自然和谐发展的能力，其效率高，潜在价值大，影响深远。绿色投资活动的产出，是一国绿色 GDP 的绝对值增加，它反映了环境价值在 GDP 中的重要作用和社会财富增加应有的路径选择。③林业绿色投资的收益包括经济的、社会的和生态的三重收益。绿色投资实现的投资多重效益，是传统投资获得的单一盈余（利润）所望尘莫及的。在价值创造上，绿色投资创造的是长期价值，而传统投资获取的是短期收益。并且绿色投资在价值体现上呈现出人口适度增长、生活质量提高、资源合理利用、生态得到保护、经济持续发展、社会长足进步的新局面。④林业绿色投资促进生态资源循环利用，融合了现代投资管理创新的理念和技术方法。循环经济要求在生产消费活动中贯彻减量化、资源化和再利用的原则，这是保护资源、环境的经济模式。绿色投资从宏观上来看，是对传统的忽视生态资源节约使用、忽视环境保护投资模式的一种矫正，在投资结构优化和投资方向选择上，从循环经济思想出发，安排投资方绿色投资方案，建立资源节约、环境友好型社会；从微观上看，将环境责任主体（主要是企业）外部成本内部化，实现“帕累托最优效应”。这就使得绿色投资相比于传统投资，将进一步加大引入现代管理理念，采用新的技术措施方法，以科技支撑、技术进步等手段，节能减排，保护环境，提高资源循环使用和综合利用效率。

林业绿色投资与传统投资模式相比，首先，林业绿色投资的主体是具有社会责任感、环境保护感、正义和平感的公众和组织，而传统投资的主体遵循经济人假设，当然存在着思想的差异；林业绿色投资是本着经济、社会、环境三者的协调发展，而一般传统投资是以利益最大化为指导思想，前者遵循可持续发展的理念，而后者以经济增长为理念。其次，在投资目标、方式、效益上也存在着差异；林业绿色投资的目标是实现三重盈余，而传统投资单纯是实现经济目标；绿色投资是以社会责任进行筛选、股东请愿、社区投资来实现，而传统的投资是以经济利益为指导的选择、投资、交易；前者具有经济、环境、社会效益，而后者仅是经济效益。在刘东生强调“林业是发展绿色经济的基础和关键，其价值不仅体现在短期的私人的有限收益上，更在经济效益、社会效益、生态效益等多个层面上具备宏观的长远价值”的基础上，提出森林投资符合林业绿

色投资的理念宗旨，是林业绿色投资的一种具体表现形式。

3. 机理分析

林业绿色投资逐渐发展，对可持续发展与绿色经济的发展都有重要作用。由于林业绿色投资所具有的相关特性和经济学机制，其对于循环经济和生态文明的建设都有重要影响。

林业绿色投资按照投资主体分类，可以分为政府林业绿色投资、企业林业绿色投资、社会组织林业绿色投资和公众林业绿色投资。政府作为宏观经济协调者，其作为主体的林业绿色投资具有重要的导向和推动作用。

林业绿色投资成为国家发展的必然选择。绿色投资适应了绿色经济发展的要求，主要体现在：①绿色消费成为时尚消费方式。所谓绿色消费，它有两个内涵：一是消费无污染、有利于健康的产品；二是消费行为有利于节约能源、保护生态环境。绿色消费是一种节约性消费，即主张适度消费，反对奢侈和浪费。合理的和适度的消费是在基本不降低消费水平的条件下，排除浪费性、不适当的消费。绿色消费是消费者在基本生活得到满足后，受消费需求上升规律的影响，开始追求生活质量和美好生态而产生的绿色需求，它反映了人们消费层次的提高，体现了社会的进步和人类的文明发展。绿色消费又是一种文明、科学的消费，即要求人们开展情趣高雅、文明的消费活动，要求人们用科学知识来规范和指导消费活动。这种消费既满足节约能源和保护环境的要求，又能够使得人们在消费中获得体质、智力和心理性格的全面发展。②国际贸易中不断增加绿色壁垒。在国际贸易中，各国出于贸易保护或维护国家安全等目的，往往设置种种贸易壁垒，限制货物进口。除了关税壁垒和传统的非关税壁垒外，一种更为隐蔽、更为复杂、破坏力更大的贸易壁垒——技术性贸易壁垒日益加强，它是货物进口国以保护国家安全，保护人类、动植物生命、安全和健康，阻止欺诈，保护环境，保障产品质量为由而采取的种种技术性限制措施。为了适应这种绿色壁垒，我国的进出口企业必须依照国际贸易规定，企业产品走绿色生产路线，所以绿色投资也是企业应对绿色壁垒的一个重要方案。③会计国际化推进的绿色会计信息披露和绿色会计系统建立。价值形式反映的绿色会计信息或称为环境会计信息，对投资者的“道德投资”十分重要。当今世界一些国家或地区、政府间组织或非政府的民间组织，以及跨国企业集团，均将绿色会计信息质量的判断结果作为资本输出或输入的重要参考。资本市场中的投资方和融资方是以资本为纽带连接起来的；同时，任何一方每时每刻都有可能扮演对方的角色，就像任何生产者都是消费者一样，他们对诸如环境会计业绩、环境资产、环境负债、环境收益、环境费用与成本、环境绩效等环境会计信息都具有同样的期待。这种绿色投资理念的形成和对绿色价值信息的需求，就是从20世纪70年代起直至现在，作为绿色会计信息载体的

《环境财务会计报告》《企业公民书》《环境报告书》和《可持续发展报告书》等日益受到投资者重视的原因所在。因此，在会计国际化、会计语言已成为“国际通用的商业语言”的今天，发展绿色经济，进行绿色投资，呼唤绿色会计系统的建立，显得尤为重要，而我们国家在这方面才刚刚起步。④绿色经济规制的建立、完善和集成以绿色投资为中心枢纽。绿色信贷资本或是权益资本的注入，是促进绿色经济规制的建立、完善和集成的“催化剂”。一方面，投资的绿化能引导资金的流向，调节经济结构，使之向生态型经济发展，并为经济规制和调控手段提供前提条件；另一方面，绿色经济得以良好运行也需要为之提供服务和保障的绿色经济规制的建立并加以系统化，因绿色投资兴起而衍生出的且以绿色投资为链接，并与之相适应的绿色税收、绿色审计、环境保险、生态补偿、排污权交易、损害赔偿基金等各种形式的绿色经济规制，才能变为现实，成为绿色投资重要支撑手段并为绿色投资健康发展服务。

发展林业绿色投资缓解了资源匮乏和社会福利问题，主要体现在：①林业绿色投资缓解了经济增长中的资源与环境约束。以前，我国的经济增长主要靠消耗大量资源和破坏环境，特别是在工业化过程中给环境带来严重的污染。但随着科技发展和对环境的重视，资源和环境得到保护，资源瓶颈和环境约束成为经济增长的障碍。发展绿色投资正是为解决环境恶化和资源紧缺这两个问题给出了答案。发展绿色投资既有利于经济持续发展，又有利于节约资源、保护环境，为实现可持续发展提供了具体途径。②林业绿色投资推动了经济与社会发展的和谐。一味要求经济的增长而对环境、资源缺乏保护，一些投资所引起的增长只会是非经济的增长，不仅对增长的福利起到抵消作用，而且有时还会对经济发展产生反作用。因为经济发展不仅意味着 GDP 的增加，而且要伴随着观念的进步、制度的发展、健康的提高和卫生条件的改善，在政治、经济、文化、教育和其他方面也要达到标准。绿色投融资恰恰能够达到这一目标，实现环境保护和经济发展的双赢局面。

绿色投资资本实现了价值和价值增值，主要体现在：①整体增值性。绿色资本是具有未来潜在超额效益的资本，绿色资本运营能在获得最大限度增值的同时又必须考虑生态系统的整体效益性，从而使生态系统整体增值的盈利最大化。②长期受益性。绿色资本运营不像材料那样，一次投入使用其价值就丧失殆尽，如：作为生态资源的森林，具有供氧、旅游、涵养水源、调节气候等多种使用价值，只要利用适度，它就可以长期存在并被永续利用。所以，对生态资源保护的投资收益具有可持续性，因为靠生态系统的自净自生能力，绿色资本就会自动升值。③区域补偿性。生态资源不仅对当地产生影响，还会对区域乃至更大范围产生影响，如：江河上游的森林状况影响下游的水流量，草场的退化造成城市的沙尘暴，上游地区生态环境保护投入产生环境物质容量的改善效

应从而影响下游地区生态环境的改善而受益等。按照公平理论，受益者应给予生态环境补偿，区域补偿性是绿色资本的特性之一。④“三效”统一性。绿色资本产权主体多元化，利益主体多元化，形成竞争关系共同体，进而共同实现生态效益、经济效益和社会效益的最大化，“三效”统一是绿色资本区别传统资本的显著标志。

绿色投资的资本价值形式的多维性，主要体现在：①生态环境承载力价值。任何一个生态环境系统对内外界干扰污染的抵抗都有一定限度，超过生态环境系统自净限度，就会产生巨变。生态环境容量计价通常以一个区域为对象，区域局部生态环境好，可以承载更多的人类、生物生存需求，即生态环境容量大，其环境资本基价高，在满足本身生态环境要求的同时提高了区域环境质量，不仅改善了本地区环境，也有利于其他地区环境质量的提高。区域生态环境容量大，首先是本地区、本国人民受益；反之，如果环境容量为负值，不仅本地区、本国人民受害，甚至殃及他国国民。生态环境承载力可作为宏观环境核算基本内容，可以通过绿色 GDP 核算和相关指标加以对比衡量。②生态经济补偿价值。这一价值可以通过污染付费原则和受益者补偿原则得以实现。③环境品牌价值。随着人类可持续发展的确立，环境保护意识的增强，人们追求无污染、无公害产品的环境消费兴起，环境产品的品牌效应日益凸现，尤其是在各国进出口贸易环境壁垒的影响下最为突出，符合国际清洁生产的环境产品在出口时可以免缴垃圾收费，就可减少污染处理费，既保护了生态环境又降低了费用。为此，环境品牌的经费降低对提高企业整体发展潜力的效应计价势在必行。环保工业产品、绿色农产品等环境产品价格的提升都是环境品牌效应的体现，也是绿色资本计价核算的重要内容。④不可再生资源价值。自然生态环境中的森林、煤矿、石油等不可再生自然资源的稀缺性，都具有增加价值的潜能。用不可再生资源这一增值价值进行环境资本核算，包括周边环境的土地价值的增值评价，都属于绿色资本核算计价范围。⑤人力资源价值。知识经济时代的区域经济特殊开发政策环境，吸引和会聚了大量优秀人才，提升了区域经济绿色资本的价值量。因为技术、信息、智力、知识也有价值，将人力资源资本化并进行价值评估核算势在必行。诸如政治文化中心、大学城、金融中心、科技园等群英荟萃、人才资源优良的生态环境平台，可以提升区域经济绿色资本的价值量。

在驱动机制方面，借鉴组织行为学和管理心理学的相关理论，将企业林业绿色投资驱动机制分成市场驱动机制、政府驱动机制和道德驱动机制。市场驱动机制是企业进行林业绿色投资的内在驱动力，主要目的是增强企业的竞争优势，追求企业的潜在经济利益；政府驱动机制是从合法性的视角审视政府环境规制在企业林业绿色投资中的作用，主张通过政府规制改变企业投资行为；道德驱动机制则从伦理和道德的角度来解释企业的林业绿色投资行为。

二、林业绿色金融理论分析

（一）内涵

林业绿色金融是金融学与林业产业相互渗透与融合形成的新的金融系统，与此同时该系统更为注重绿色概念。随着绿色经济与循环经济的兴起与发展，林业作为绿色金融的重要组成部分和关注对象，其与绿色金融的融合是必然的趋势。但是林业绿色金融并不是单纯指与林业产业相关的绿色金融，其中绿色金融的范围会进行相应的调整，比如，林业产业中的造纸重污染行业的融资活动就不属于林业绿色金融；另外，旨在促进公平、高效的林业金融活动也将被列入林业绿色金融之中。

目前，学界对于林业绿色金融还没有准确统一的界定，但是对林业绿色金融的一些内容达成了共识。首先，林业绿色金融在林业相关投融资活动中自始至终必须体现“绿色”，具体而言是金融机构无论是在处理与林业相关的企业、团体的借贷行为还是面向个人的零售业务时，都要注重对环境的保护、治理和对资源的节约使用，促进经济与生态的可持续、协调发展，从而促进人类自身的可持续发展。

其次，林业绿色金融与环境保护与气候变化相伴而生，其产生也是为了应对日益严重的气候问题和为绿色经济提供动力。所以林业绿色金融也是为了应对气候变化，加强环境保护，提升绿色增长和绿色治理水平，通过金融工具创新运用为林业绿色发展提供资金投入的林业金融活动的总称。与此同时，学者们认为林业绿色金融应该和保护生态多样性、保护生态环境、遵循市场经济规律的要求、以建设生态文明为导向、促进节能减排和经济资源环境协调发展等关键词联系在一起。

最后，林业绿色金融在体现环境保护的同时也追求金融环节与运作程序的高效、便捷，致力于提供公正、平等、资源配置合理的资金支持，为有需要、有条件的林业产业需求者提供适度、及时的信贷服务，从而完成支持绿色经济和可持续发展的最终目标。林业绿色金融是一个广义的概念，其提供的资金支持涵盖林业产业的各个环节，并有广泛的辐射空间，是对林业全产业链的绿色化资金融通服务支持，通常以信贷、保险、证券、产业基金及其他金融衍生工具为手段，为广泛的林业产业需求者提供及时适度的资金支持。另外，追求内部融资程序的优化升级、运行程序的高效便捷、资源配置的公平合理同样是林业绿色金融的内涵之一。

综上所述，将林业绿色金融定义为金融部门把环境保护作为一项基本政策，在林业投融资决策中考虑潜在的环境影响，把与环境条件相关的潜在回报、风险和成本都融合

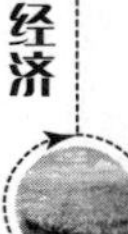

进日常的业务中，在经营活动中注重对生态环境的保护、污染的治理及资金分配公平、运行程序高效便捷，通过对社会资源的引导，促进经济可持续发展的金融活动。

（二）特征

与传统金融业相比，林业绿色金融最突出的特点就是更强调人类社会的生存环境利益，它将对环境保护和对资源的有效利用程度作为计量其活动成效的标准之一，通过自身活动引导各经济主体注重自然生态平衡，讲求林业金融活动与环境保护、生态平衡的和谐发展，最终实现社会的可持续发展。

相对于传统金融而言，林业绿色金融最突出的特点有以下几点：第一，它更强调人类社会的生存环境利益。传统金融往往强调经济利益，其经营及整个活动更多地以经济利益作为考量标准。而林业绿色金融更强调人类社会的生存环境利益，它将环境保护和对资源的有效利用程度作为计量其活动成效的重要标准，并通过自身活动引导各经济主体注重自然生态平衡。第二，它更多地依赖政府政策的强力支持和推动。环境资源是公共品，作为公共品理应由政府提供。商业银行作为经营性机构，除非有政策规定，不可能主动考虑贷款方的生产或服务是否有生态效率。从这点讲，林业绿色金融的发展，必须有政府政策的强大支持和推动。如果没有政府政策的支持和推动，林业绿色金融的发展必然是缓慢的，甚至会停滞。

林业绿色金融与传统金融相比，在资金配置市场的属性、决策因素、市场有效信号、金融工具创新、市场风险等方面存在差异。在绿色发展理念下，林业绿色金融的目标市场根据市场属性分化为具有公共产品性质的绿色治理市场和具有外部性特征的绿色增长市场。价格信号不再是唯一有效信号，环境因子影响两个市场的资金配置。可以看出，林业绿色金融的层次与类别取决于绿色增长和绿色治理的金融需求。

综上所述，与传统金融相比，林业绿色金融具有强调人类社会的生存环境利益、注重环境保护、更多地依赖政府政策的强力支持和推动等特征。这与林业绿色金融的内涵一致，也使其在资金配置市场的属性、决策因素、市场有效信号、金融工具创新、市场风险等方面与传统金融区分开来。

（三）机理

绿色金融的作用激励就是解决“市场失灵”，规避“政府失效”。从 20 世纪 30 年代以来，凯恩斯主义经济学对国民生产总值、经济高速增长目标的热烈追逐，是以对环境的永久性的生态破坏为代价换来的，这种片面的发展观破坏了人类自身生存与发展的基础，还同时引发了生态恶化，在这种视角下，生态环境事实上已从人类生产要素转变为社会意义上的人类生存的一票否决的因素。这表明生态系统可以被视为社会资本，它与物质资本、金融资本、人力资本一样，是经济与社会发展不可或缺且可以增加收益的资源。然而，生态系统破坏成因各异，形式多样，企业往往会想尽各种办法规避政府的行政监管，逃避处罚，社会的监督又缺乏有效的惩治手段，唯有金融手段多种多样，且直接切中污染企业的融资命脉。如果金融机构承担起相应的社会责任，与政府、社会三方联起手来，就可以对环境污染取得综合治理之功效，形成较强的正向激励机制和严厉的惩罚机制。一般而言，环境污染问题属于微观问题，但解决它须从宏观层面着眼，从整个社会层面来加以防治，而金融手段既具有宏观协调的功能，又能够从微观机制入手加以防范和治理。例如，一般公民对污染企业进行制约不仅呈弱势状态，而且还存在着一定的利益冲突。但是，当公民同时作为投资者通过金融机构对企业进行制约时就变成了强势一方，由于将环境风险因素纳入投资回报率的考量之中，投资者会更加关心所投项目或企业在环保方面所做的努力和成效，以规避因环境风险而带来的损失。这迫使企业的治污由被动的自发行为变成积极主动的自觉行为。环境污染问题的产生具有很强的负外部性，从而导致了市场失灵。要解决这一问题，就需要政府介入。但是，政府的介入一般以事后处罚为主，并且因官僚主义作风、办事效率低下及信息不对称等而导致“政府失效”。绿色金融的出现，则将环境风险组合到金融风险里面，充分利用金融风险管理技术，借助市场机制、政府管制和社会监督等各种力量，变事后处罚为事前预防，这样既解决了市场的失灵，又规避了政府的失效。

林业绿色金融是可持续发展的必然要求。发展“林业绿色金融”可以通过有效的信贷调控手段更加合理地引导社会资金流向，使资源、环境保护的资金需求真正落到实处，推动经济产业结构调整和新的经济增长点的培育步伐。除此之外，金融业进行这场绿色革命至关重要的动因就是“林业绿色金融”能产生丰厚的“绿色利润”。投资环保产业并不都是赔本生意，随着环境问题越来越受关注，环境工程已经成为一个极具发展潜能的新兴产业。

林业绿色金融是可持续发展的内在要求。资本是配置市场资源的主体，在市场经济框架下，环境、气候变化等因素亦可以为投资带来利润。环境波特假说认为，在动态条件下，环境质量提高与厂商生产率和竞争力增强的最终双赢发展是可能的。具体而言，高能耗、高排放实际上是某种形式经济浪费和资源无效运用的信号，正确设计的基于经济激励导向的严格环境规制从较长时期来看，可以激发创新、促进节能减排技术或新能源技术的研发、改进生产无效性和提高投入生产率，最终部分或全部抵消短期执行环境政策的成本，甚至为厂商带来净收益。国务院发展研究中心课题组应用产权理论和外部性理论研究认为，如果各国排放权得到明确界定和严格保护，节能减排就会成为一种有

利可图的行为，这将为低碳经济发展模式替代传统高能耗高排放发展模式提供强大动力。林业绿色金融的直接作用对象是微观经济主体，实施的手段是引导和调节金融生态体系的资金分布，实现优化金融生态系统的内外环境并以此促进双方的良性互动发展。只有建立在资源节约、环境保护基础上的经济发展才是可持续发展，也只有这样的经济发展环境才是金融机构得以长期持续发展的基础。商业银行将社会责任与可持续金融作为核心战略和价值导向，通过提供产品和服务来实现环境保护、节约资源和增加社会福利，并在此过程中寻找新的商业机会和利润来源，从而实现自身的可持续发展。随着能效金融、环境金融和碳金融产品的开发和推广，必然引发银行业在公司治理风险管理体系建设、产品创新、信贷投向、同业合作等多方面发生深刻的社会变革，从而形成一种全新的可持续发展商务模式，推动着敢于创新的银行的可持续发展。

（四）实现形式

林业绿色金融因其对环境保护、高效平等的关注，成为可持续发展和绿色经济的重要资金来源，近几十年来在世界范围内取得了较大的成就，形成了各具特色的实践模式，发展出林权抵押、林权担保、绿色碳基金、林业基金和森林保险等多种形式。

1. 林权抵押

林权抵押是指债务人或第三人以其林地使用权和林木所有权为抵押物抵押给债权人，债务人不履行到期债务或发生当事人约定的实现抵押权的情形，债权人有权就该抵押物优先受偿的一种法律制度。根据《中华人民共和国森林法》《担保法》《物权法》等有关规定，为确保林权抵押物的合法性、有效性，农民拥有林权证，权属清楚，没有争议的下列林权可作为抵押物：用材林、经济林、薪炭林；用材林、经济林、薪炭林的林地使用权；用材林、经济林、薪炭林的采伐迹地、火烧迹地的林地使用权；国务院规定的其他森林、林木和林地使用权。《森林资源资产抵押登记办法（试行）》规定：森林资源资产抵押是指森林资源资产权利人不转移对森林资源资产的占有，将该资产作为债权担保的行为。这里所说的森林资源资产产权，包括依法可用于抵押的森林、林木的所有权或使用权和林地的使用权，林权抵押贷款，是森林资源资产抵押贷款的简称，是指以森林、林木的所有权（或使用权）、林地的使用权，作为抵押物向金融机构进行借款，其贷款利率不超过基准利率的 1.5 倍。林权抵押贷款业务的创新之处在于，它打破了长期以来银行贷款抵押以房地产为主的单一格局，引入了林地使用权和林木所有权这一新型抵押物，使“沉睡”的森林资源变成了可以抵押变现的资产。但是，也要清醒地看到，林权抵押贷款毕竟是一项全新的贷款业务，尚处于探索阶段，业务发展过程中仍然面临诸多困难和问题。

2. 林权担保贷款

林权担保贷款是以林地使用权与林木所有权作为贷款抵押物或反担保抵押物的贷款新品种，这项业务打破了长期以来银行贷款抵押以房地产为主的单一格局，引入了林地使用权与林木所有权这一新型抵押物，有效地破解了林农“贷款难”问题。现阶段主要有林农小额循环贷款、林权直接抵押贷款、森林资源资产收储中心担保贷款三种主要的林权担保贷款模式。

一是林农小额循环贷款模式。主要采取“评定、一次登记、随用随贷、余额控制、周转使用”的管理办法，用于解决林农小额生产经营资金需求。这种“信用+林权抵押”的模式主要面向千家万户的林农，在信用村、信用户创建工作的基础上，通过提供林权抵押提高了授信额度，并极大地简化了贷款手续。

二是林权直接抵押贷款模式。指林农个体直接以林权证作为抵押物向金融机构申请贷款。主要做法为：拥有林权证的林农凭森林资源资产评估书与金融机构签订借款合同，并将有关资料送林权登记管理中心，经审核无误后核发林木他项权证，金融机构收到他项权证等有关资料后，依照合同发放贷款。该方式主要是针对林业大户和林业法人客户有大额资金需求提供贷款。

三是森林资源资产收储中心担保贷款模式。林农向银行借款，森林资源资产收储中心为林农提供保证担保，林农以其本人的林权为森林资源资产收储中心提供反担保，林权通过森林资产评估机构评估、林权登记部门登记。如果贷款发生逾期，银行可直接从森林资源资产收储中心账户直接扣收本息，森林资源资产收储中心对抵押的林权通过挂牌交易流转来实现权益。

3. 林业基金

林业基金的内涵可以界定为：为鼓励造林、营林，促进森林资源的培育、保护与管理，改善生态环境，实现国家可持续发展的战略目标，由林业部门与财政部门共同设立的一项专项基金。林业基金主要用于发展用材林、经济林等商品性林业的，实行有偿周转使用，限期回收，并取得积累；或者用于不能取得直接经济收益的营林支出（如护林防火等），实行无偿使用。各级财政拨款用于营林的资金，由林业部门建立有偿回收制度，回收的资金继续留给林业部门周转，用于扩大营林再生产。其中，林业基金主要包含森林碳汇基金和林业产业发展基金等。

随着全球气候变暖趋势的加剧和人们环保意识的增强，国内外出现了各式各样的碳汇基金。国际碳汇基金主要是由一些国际金融组织为推动国际碳交易活动，实施一些合适的项目推动全球减缓温室气体排放和增强碳吸收汇的行动而专门设立的融资渠道，碳基金具有基金专用性的基本特征。其中，世界银行作为世界级的金融机构，利用国际金

融运行规则为国际碳交易提供资金，以实现环境与金融双“赢利”的目的。

4. 森林保险

森林保险是指以防护林、用材林、经济林等林木，以及砍伐后尚未集中存放的原木和竹林等为保险标的，并对保险期限内可能遭受的自然灾害或意外事故所造成的经济损失提供经济保障的一种保险。森林保险作为增强林业风险抵御能力的重要机制，不仅有利于林业生产经营者在灾后迅速恢复生产，促进林业稳定发展，而且可减少林业投融资的风险，有利于改善林业投融资环境，促进林业持续经营。同时，通过开拓森林保险市场，有利于保险业拓宽服务领域，优化区域和业务结构，有利于培育新的业务增长点，做大做强保险业。因此，开展森林保险对实现林业、保险业与银行业互惠共赢、共促发展有着重要的意义。

第三章 林业生态建设技术

第一节　林业技术推广

一、基层林业技术推广措施

随着我国对环境保护的重视程度逐渐提升，基层林业的发展状况越来越受到人们的关注。但是，大力发展林业，需要投入大量的资金及完善的政策支持，促进其发展。由于不良因素的影响，我国基层林业技术推广存在一定的问题，严重限制了基层林业的发展。为了加强基层林业建设，促进社会可持续发展，发挥环境保护的作用，实行基层林业技术推广的强化措施是非常必要的。增强林业技术推广人员的专业技术水平，引进先进的基层林业推广技术，促使基层林业技术推广多元化发展，结合当地实际情况，适当完善基层林业技术推广制度，以切实促进基层林业的发展。

（一）基层林业技术推广的意义及必要性分析

随着经济的飞速发展，我国对林业建设发展越来越重视，不断优化其发展结构。林业的发展在一定程度上能够促进我国生态环境建设，在林业发展过程中积极开展植树造林事业，主张退耕还林，增加森林覆盖面积，进而解决环境污染的问题。现阶段，林业发展已经取得了一定的成效，对我国生态环境建设起到了推动作用。为了进一步促进我国经济与环境的和谐发展，需要不断提升基层林业技术水平，提高相关人员的重视程度，最大限度地发挥出基层林业技术的价值，促进经济可持续发展。

（二）基层林业技术推广的强化措施分析

1. 提高重视程度，增加资金投入

充足的资金是林业技术推广的关键，是保证基层林业技术推广平稳运行的基础。首先，要提高对基层林业技术推广的重视程度，增加资金投入。当地政府应结合林业发展的实际情况进行分析，完善基础设施建设，进而促进基层林业技术推广的发展。其次，加强林业资金管理，设立专门的资金管理人员，建立完善的资金管理系统，对林业资金流动做好详细记录。最后，林业部门要拓展资金来源，实现资金投资的多元化发展，加强与企业的合作，实现资金共享，互利共赢的局面。

2. 健全基层林业技术推广体系

首先，提高相关管理人员对基层林业技术推广的重视程度，积极完善基层林业技术推广的相关管理制度，能够有效提升基层林业技术推广效率，保证技术推广的相关工作落实到位。基层林业技术推广制度中明确规定了施工人员及技术人员的操作流程，相关人员按照流程进行技术推广，进而增强基层林业技术推广的作用。在基层林业技术推广制度实施过程中，相关人员要结合实际情况灵活运用基层林业技术推广制度，进而发挥出制度的最大价值。其次，完善基层林业技术推广的工作机制，将创新管理理念融入到基层林业技术推广管理体系当中，加强各部门之间的联系，规范员工的操作流程，进而提升基层林业技术推广的效率以及质量。最后，创新基层林业技术推广方式，促进基层林业技术推广方式趋于多元化发展，使基层林业技术推广更加灵活多变，提升其效率。

3. 提升基层林业技术推广团队技术水平

在基层林业技术推广过程中，相关技术人员的作用是非常关键的。首先，现阶段，我国基层林业技术推广中，从业者大部分文化水平较低，专业素养较差，进而导致基层林业技术推广的速度较慢，影响其发展进程。因此，应提高基层林业技术推广的相关技术，增加基层林业技术推广相关知识培训，提升从业人员的专业技术水平及知识涵养。应转变从业人员的传统思想观念，积极与新时代发展理念相结合，进而提升从业人员对基层林业技术推广的掌控程度。其次，提升专业技术人员的能力，增加外派学习的机会，吸收先进经验，促进同行之间的交流学习，进而提升技术推广的能力。积极开展基层林业技术推广的培训学习，提升技术人员的专业素养。最后，完善吸引人才的体制机制及优惠政策，吸收更多的先进人才投入到基层林业技术推广工作中去，提升推广团队的整体知识水平，打造年轻化、技术化的基层林业技术推广队伍。

二、林业技术推广在生态林业建设中的应用

（一）林业技术推广在生态林业建设中应用的重要意义

1. 有利于促进科技成果的转化

我国不同地区在气候、地形及地质等诸多方面都存在较大的差异性，正因为如此，在进行生态林业建设工作时，会受到不同因素的影响，这就导致不同地区的林业建设效果也有所不同，同时也会增加生态林业建设工作的难度。在具体的生态林业建设过程中，开展林业技术推广工作，则可以将林业技术的优势发挥出来，规避一些地质、气候等因素对生态林业建设所带来的不良影响，能够实现科技成果的快速转化，进一步提升生态林业建设的质量及效率。比如，将先进的林业技术应用到生态林业种植工作中，则能够将林业种植技术转化为实际成果，提高树木幼苗的存活率，减少生态林业的建设成本，保障其建设效果。

2. 有助于扩大森林覆盖面积

就实际情况来看，我国森林覆盖面积正在不断减少，因此，引发出不少生态环境问题，比较常见的生态问题就是土地荒漠化、水土流失等。在这种情况下，开展生态林业建设工作，对林业技术进行科学推广，使其在生态林业建设工作中产生重要作用，进一步推进生态林业建设的进程。比如，在种植树木幼苗时，可以借助林业技术提升幼苗的存活率；采用合适的林业技术，还能够对病虫害进行有效防治，减少病虫害对林木生长的不良影响。这样不仅能够保障树木的健康生长，同时也能够增加我国整体的森林覆盖面积。

3. 提升生态林业建设水平

以往，相关单位在进行生态林业建设工作时，通常都是采用传统的种植方式，导致树木存活率低，病虫害的防治效果也会因此受到影响，对整个生态林业建设工作的质量产生了较大的负面影响。开展林业技术推广工作，能够促使相关部门将林业技术引入生态林业的建设中，能够对传统的生态林业建设模式进行优化，提高生态林业建设的技术水平，使得该建设工作能够顺利开展。

4. 提高林农的经济效益

开展生态林业建设工作，不仅能够改善周围环境，还能够帮助林农提高经济收益。在对林业技术进行推广应用时，可以安排专业技术人员对林农进行系统化培训，以此提

高林农的林业知识水平，掌握林业技术，进一步提高生态林业建设的经济效益，增加林农的经济收入。

（二）林业技术推广在生态林业建设中的策略

1. 完善林业技术推广体系

相关单位若想对林业技术进行有效推广，则需要建立完善的推广体系，促使林业技术推广工作有序开展。相关单位应该对林业技术推广的具体工作内容及重要作用进行深入了解，认识到林业技术推广的重要性，并且要结合生态林业建设的实际情况，对原有的林业技术推广体系进行完善。基于此，相关单位应该根据当下社会的发展趋势，引入先进技术，以此构建覆盖面比较大的网络推广体系，实现线上推广。基层推广部门则需要将乡镇作为基础，并建设相应的推广站点。另外，林业技术推广部门还应该充分利用相关新媒体技术，构建完善的社会服务平台，通过微博、微信等有关媒体平台对林业技术进行推广，可以借助视频、图片等方式，将林业技术生动、直观地展示出来，这样也能够帮助林农了解林业技术，与林农进行更好的交流，进一步提高林业技术推广的有效性，为生态林业建设提供更合适的技术。此外，相关推广部门还应该建立健全的林业技术推广数据库，收集并储存与林业技术推广有关的数据信息，与此同时，还要建立相应的林业技术推广示范基地，发挥示范带动作用，吸引更多的林农参与林业技术推广工作。

2. 建立健全林业技术推广制度

有关政府部门及林业部门应该认识到林业技术推广工作的重要性，并且要针对具体的林业技术推广工作情况，对原有的林业技术推广工作制度进行完善，这样不仅能够提高林业技术推广工作的实效性，还能够促进生态林业建设。基于此，有关推广部门可以针对具体的推广工作内容，设立不同的工作岗位，明确相应的工作任务及职责，要求处在不同推广工作岗位的人员要承担起相应的责任，也可以对相关推广工作内容进行细化，将其落实到个人，这样就能够在出现问题时，及时找到负责人，进一步提高推广人员的工作积极性。另外，相关部门还应该设立激励机制与考核机制，结合实际情况，设置合适的考核指标，将技术推广人员的工作态度、工作绩效等诸多方面纳入考核体系，对于考核不达标的人员，则可以对其进行相应的惩罚，对考核达标的人员，则可以给予一定的奖励，促使相关林业技术推广人员能够积极工作。此外，建立监督机制，设立相应的监督小组，对林业技术的推广情况进行全面监督管控，定期检查推广人员的工作情况，以防出现不规范的推广现象，若发现问题，要及时上报，由相关管理部门针对具体情况进行解决，保障林业技术推广的有效性。

3. 合理分配资金

在开展林业技术推广工作过程中，需要相应的资金支持，在不同地区，其林业建设的实际需求存在一定的差异。在具体的林业技术推广工作中，涉及不同的工作内容，比如，人员调配、机械设施、推广方案等，若是存在资金不足的情况，就会影响到后续的推广工作，进而降低推广效果。基于此，相关部门应该针对这一情况，对林业技术推广资金进行合理分配，要先建立专项资金管控小组，同时还要对林业技术推广的整个流程予以全面掌握，对于林业技术推广所涉及的相关数据信息也要进行全面收集，通过分析，明确不同工作环节的资金需求，在这一基础上，将资金分配到不同的工作环节中，避免出现偏重于某一环节的情况。另外，相关资金管控小组在完成资金分配工作之后，还需要对资金的流向、应用额度等进行严格监管，以防出现资金没有落实的情况。

4. 林业技术推广与工作实际相结合

相关部门在对林业技术进行推广时，需要加强与实际情况的联系，明确生态林业的建设需求，对于生态林业建设过程中的一些问题进行分析，在此基础上，针对生态林业建设问题，选择合适的林业技术进行推广，并且与林业种植需求相符合，这样才能够使得更多的林农接受新的林业技术，熟练掌握相关林业技术。

5. 建设高水平的专业林业技术推广队伍

在开展林业技术推广工作中，相关部门则应该建立一支专业的人才队伍，基于此，相关部门应该积极主动地引进专业人才，同时可以与农业林业院校加强合作，以优厚的待遇，吸引更多高素质的林业专业毕业生。另外，针对在职的林业技术推广人员，有关部门可以定期开展专业培训活动，聘请相关专家或专业技术人员，为推广人员讲授相关专业知识，使得参加培训的人员能够学到更多的专业推广知识，掌握相应的推广技能，使其工作效率及质量得以提升。

第二节　山地生态公益林经营技术

一、低效生态公益林改造技术

（一）低效生态公益林的类型

由于人为干扰或经营管理不当而形成的低效生态公益林，可分为以下四种类型：

1. 林相残次型

因过度过频采伐或经营管理粗放而形成的残次林。例如，传统上人们常常把阔叶林当作“杂木林”看待，毫无节制地乱砍滥伐；加之近年来，阔叶林木材广泛应用于食用菌栽培、工业烧材及一些特殊的用材（如：火柴、木碗以及高档家具等），使得常绿阔叶林遭受到巨大的破坏，失去原有的多功能生态效益。大部分天然阔叶林变为人工林或次生阔叶林，部分林地退化成撂荒地。

2. 林相老化型

因不适地适树或种质低劣，造林树种或保留的目的树种选择不当而形成的小老树林。例如，在楠木的造林过程中，有些生产单位急于追求林木生产，初植密度3000株以上，到20年生也不间伐，结果楠木平均胸径仅10 cm左右，很难成材，而且林相出现老龄化，林内卫生很差，林分条件亟须改善。

3. 结构简单型

因经营管理不科学形成的单层、单一树种，生态公益性能低下的低效林。例如，福建省自20世纪50年代以来，尤其是在80年代末期，实施“三、五、七绿化工程”，营造了大面积的马尾松人工纯林。随着马尾松人工林面积的扩大，马尾松人工林经营中出现了树种单一、生物多样性下降、林分稳定性差、培育成了小老树林，使得林分质量严重降低等一系列问题。

4. 自然灾害型

因病虫害、火灾等自然灾害危害形成的病残林。例如，近年来，毛竹枯梢病已成为我国毛竹林产区的一种毁灭性的病害，为国内森林植物检疫对象。该病在福建省的发生较为普遍，给毛竹产区造成了极为严重的损失，使得全省范围内毛竹低效林分面积呈递增趋势，亟须合理改造。

（二）低效生态公益林改造原则

生态公益林改造要以保护和改善生态环境、保护生物多样性为目标，坚持生态优先、因地制宜、因害设防和最佳效益等原则，宜林则林、宜草则草或是乔灌草相结合，以形成较高的生态防护效能，满足人类社会对生态、社会的需求和可持续发展。

1. 遵循自然规律，运用科学理论营造混交林

森林是一个复杂的生态系统，多树种组成、多层次结构发挥了最大的生产力；同时生物种群的多样性和适应性形成完整的食物链网络结构，使其抵御病虫危害和有害生物的能力增强，具有一定的结构和功能。生态公益林的改造应客观地反映地带性森林生物

多样性的基本特征，培育近自然的、健康稳定、能持续发挥多种生态效益的森林，这是生态公益林的建设目标，是可持续经营的基础。

2. 因地制宜，适地适树，以乡土树种为主

生态公益林改造要因地制宜，按不同林种的建设要求，采用封山育林、飞播造林和人工造林相结合的技术措施；以优良乡土树种为主，合理利用外来树种，禁止使用带有森林病虫害检疫对象的种子、苗木和其他繁殖材料。

3. 以维护森林生态功能为根本目标，合理经营利用森林资源

生态公益林经营按照自然规律，分别特殊保护区、重点保护区和一般保护区三个保护等级确定经营管理制度，优化森林结构，合理安排经营管护活动，促进森林生态系统的稳定性和森林群落的正向演替。生态公益林利用以不影响其发挥森林主导功能为前提，以限制性的综合利用和非木资源利用为主，有利于森林可持续经营和资源的可持续发展。

（三）低效生态公益林改造方法

根据低效生态公益林类型的不同，应针对性地采取不同的生态公益林改造方法。通过对低效能生态公益林密度与结构进行合理调整，采用树种更替、不同配置方式、抚育间伐、封山育林等综合配套技术，促进低效能生态公益林天然更新，提高植被的水土保持、水源涵养的生态效益。

1. 补植改造

补植改造主要适用于林相残次型和结构简单型的残次林，根据林分内林隙的大小与分布特点，采用不同的补植方式。主要有：①均匀补植；②局部补植；③带状补植。

2. 封育改造

封育改造主要适用于郁闭度小于0.5，适合定向培育，并进行封育的中幼龄针叶林分。采用定向培育的育林措施，即通过保留目的树种的幼苗、幼树，适当补植阔叶树种，培育成阔叶林或针阔混交林。

3. 综合改造

适用于林相老化型和自然灾害的低效林。带状或块状伐除非适地适树树种或受害木，引进与气候条件、土壤条件相适应的树种进行造林。一次改造强度控制在蓄积的20%以内，迹地清理后进行穴状整地，整地规格和密度随树种、林种不同而异。主要有：①疏伐改造；②补植改造；③综合改造。

（四）低效生态公益林的改造技术

对需要改造的生态公益林落实好地块，确定现阶段的群落类型和所处的演替阶段、组成种类，以及其他的生态环境条件特点，如：气候、土壤等，这对下一步的改造工作具有重要的指导意义。不同的植被分区其自然条件（气候、土壤等）各不相同，因而导致植物群落发生发育的差异，树种的配置也应该有所不同，因此，要选择适合于本区的种类用于低效生态公益林的改造，并确定适宜的改造对策。而且，森林在不同的演替阶段其组成种类和层次结构是不同的。目前需要改造的低效生态公益林主要是次生稀树灌丛、稀疏马尾松纯林、幼林等群落，处于演替早期阶段，种类简单，层次不完整。为此，在改造过程中需要考虑群落层次各树种的配置，在配置过程中，一定要注意参照群落的演替进程来导入目的树种。

1. 树种选择

树种选择时最好选择优良的乡土树种作为荒山绿化的先锋树种，这些树种应满足：择适应性强、生长旺盛、根系发达、固土力强、冠幅大、林内枯枝落叶丰富和枯落物易于分解，耐瘠薄、抗干旱，可增加土壤养分，恢复土壤肥力，能形成疏松柔软，具有较大容水量和透水性死地被凋落物等特点。新造林地树种可选择枫香、马尾松、山杜英；人工促进天然更新（补植）树种可选择乌桕、火力楠、木荷、山杜英。

根据自然条件和目标功能，生态公益林可采取不同的经营措施，如：可以确定特殊保护、重点保护、一般保护三个等级的经营管理制度，合理安排管护活动，优化森林结构，促进生态系统的稳定发展。生态公益林树种一般具备各种功能特征：①涵养水源、保持水土；②防风固沙、保护农田；③吸烟滞尘、净化空气；④调节气候、改善生态小环境；⑤减少噪声、杀菌抗病；⑥固土保肥；⑦抗洪防灾；⑧保护野生动植物和生物多样性；⑨游憩观光、保健休闲；等等。因此，不同生态公益林，应根据其主要功能特点，选择不同的树种。

乡土阔叶林是优质的森林资源，起着涵养水源、保持水土、保护环境及维持陆地生态平衡的重大作用。乡土阔叶树种是生态公益林造林的最佳选择。目前，福建省存在生态公益林树种结构简单，纯林、针叶林多，混交林、阔叶林少，而且有相当部分林分质量较差，生态功能等级较低。生态公益林中的针叶纯林林分已面临着病虫危害严重、火险等级高、自肥能力低、保持水土效能低等危机，树种结构亟待调整。利用优良乡土阔叶树种，特别是珍贵树种对全省生态公益林进行改造套种，是进一步提高林分质量、生态功能等级和增加优质森林资源最直接、最有效的途径。

2. 林地整地

水土保持林采取鱼鳞坑整地。鱼鳞坑为半月形坑穴，外高内低，长径 0.8～1.5 m，短径 0.5～1.0 m，埂高 0.2～0.3 m。坡面上坑与坑排列成三角形，以利蓄水保土；水源涵养林采取穴状整地，挖明穴，规格为 60 cm×40 cm×40 cm，回表土。

3. 树种配置

新造林：在Ⅰ～Ⅱ类地采用枫香×山杜英；各类立地采用马尾松×枫香，按 1∶1 比例模式混交配置。

人促（补植）：视低效林林相破坏程度，采用乡土阔叶树乌桕、火力楠、木荷、山杜英进行补植。

二、生态公益林限制性利用技术

生态公益林限制性利用是指以林业可持续发展理论、森林生态经济学理论和景观生态学理论为指导，实现较为完备的森林生态体系建设目标；正确理解和协调森林生态建设与农村发展的内在关系，在取得广大林农的有力支持下，有效地保护生态公益林；通过比较完善的制度建设，大量地减少甚至完全杜绝林区不安定因素对生态公益林的破坏，积极推动农村经济发展。

（一）生态公益林限制性利用类型

1. 木质利用

对于生长良好但已接近成熟年龄的生态公益林，因其随着年龄的增加，其林分的生态效益将逐渐呈下降趋势，因此应在保证其生态功能的前提下，比如在其林下进行树种的更新，待新造树种郁闭之后，对其林分进行适当的间伐，通过采伐所得木材获得适当的经济效益，这些经济收入又可用于林分的及时更新，这样能缓解生态林建设中资金短缺的问题，逐渐形成生态林生态效益及建设利用可持续发展的局面。

2. 非木质利用

非木质资源利用是在对生态公益林保护的前提下对其进行开发利用，属于限制性利用，它包含了一切行之有效的行政、经济的手段。科学的经营技术措施和相适应的政策制度保障等体系，进行森林景观开发、林下套种经济植物、绿化苗木、培育食用菌、林下养殖等复合利用模式，为山区林农脱贫致富提供一个平台，使非木质资源最有效地得到开发和保护。

（二）生态公益林限制性利用原则

坚持“三个有利”的原则。生态公益林管护机制改革必须有利于生态公益林的保护管理，有利于林农权益的维护，有利于生态公益林质量的稳步提高。

生态优先原则。在保护的前提下，遵循“非木质利用为主，木质利用为辅”的原则，科学、合理地利用生态公益林林木林地和景观资源。实现生态效益与经济效益结合，总体效益与局部效益协调，长期效益与短期利益兼顾。

因地制宜原则。依据自然资源条件和特点、社会经济状况，处理好森林资源保护与合理开发利用的关系，确定限制性利用项目。根据当地生态公益林资源状况和林农对山林的依赖程度，因地制宜，确定相应的管护模式。

依法行事原则。要严格按照规定，在限定的区域内进行，凡涉及使用林地林木的问题，必须按有关规定、程序进行审批。坚持严格保护、科学利用的原则。生态公益林林木所有权不得买卖，林地使用权不得转让。在严格保护的前提下，依法开展生态公益林资源的经营和限制性利用。

（三）生态公益林限制性利用技术

1. 木质利用技术

以杉木人工林为主的城镇生态公益林培育改造中，因其不能主伐利用材，没有经济效益，但是通过改造间伐能够生产一部分木材，能够维持培育改造所需的费用，并有一小部分节余，从而达到生态公益林的持续经营。以杉木人工林为主的城镇生态公益林培育改造可生产木材 60 m^3/hm^2，按 500 元/m^3 计算，可收入 30 000 元/hm^2；生产木材成本 6000 元/hm^2；培育改造营林费用 3000 元/hm^2；为国家提供税收 2400 元/hm^2；尚有节余 18 600 元/hm^2 可作为城镇生态公益林的经营费用，有利于城镇生态公益林的可持续经营。

以马尾松林为主的城镇生态林培育改造中，通过间伐能够生产一部分木材，也能够维持培育改造所需的费用，并有一小部分节余，从而达到生态公益林的持续经营。以马尾松人工林为主的城镇生态公益林培育改造可生产木材 45m/hm^2，按 500 元/hm^2计算，可收入 22 500 元/hm^2；生产木材成本 4500 元/hm^2 培育改造营林费用 3000 元/hm^2；为国家提供税收 1800 元/hm^2；尚有节余 13 200 元/hm^2 可作为城镇生态公益林的经营费用，有利于城镇生态公益林的可持续经营。

2. 林下套种经济植物

砂仁为姜科豆蔻属多年生常绿草本植物，其种子因性味辛温，具有理气行滞、开胃消食、止吐安胎等功效，是珍贵药材；适宜热带、南亚热带和中亚热带温暖湿润的林冠下生长。杉木林地郁闭度控制在0.6~0.7，创造适宜砂仁生长发育的生态环境，加强田间管理，是提高砂仁产量的重要措施。因为砂仁对土、肥、荫、水有不同的要求，在不同季节又有不同需要，高产稳产的获得，是靠管理来保证。

雷公藤为常用中药，以根入药，具祛风除湿、活血通络、消肿止痛、杀虫解毒的功能。雷公藤也是植物源农药的极佳原料，可开发为生物农药。马尾松是南方常见的造林树种，在林间空隙套种雷公藤，可以大力提高土地利用率，提高林地的经济效益。马尾松的株行距为150 cm×200 cm，雷公藤的株行距为150 cm×200 cm。种植过程应按照相应的灌溉、施肥、给药、除草、间苗等标准操作规程进行。根据雷公藤不同生长发育时期的需水规律及气候条件，适时、合理进行给水、排水，保证土壤的良好通气条件，须建立给排水方案并定期记录。依据《中药材生产质量管理规范（试行）》要求，雷公藤生长过程必须对影响生产质量的肥料施用进行严格的控制，肥料的施用以增施腐熟的有机肥为主，根据需要有限度地使用化学肥料并建立施肥方案。

灵香草又名香草、黄香草、排草零陵香，为报春花科排草属多年生草本植物，具有清热解毒、止痛等功效，并且具有良好的防虫蛀作用。在阔叶林下套种灵香草。灵香草的藤长、基径、萌条数均随扦插密度增加而递减其单位面积生物总量与扦插密度关系则依主地条件不同而异，立地条件好的则随密度加大而递增。林分郁闭度为0.7~0.85，灵香草的生长与产量最大，随林分郁闭度下降，其产量呈递减趋势。

肉桂是樟科的亚热带常绿植物，其全身是宝，根、枝、皮、花、果均可入药；叶可提取桂油，是现代医药、化工与食品工业的重要原料。肉桂属浅根性耐阴树种，马尾松属深根性喜光树种，选择在马尾松林分内进行套种。一方面，由于它们的根系分布层次不同，有利于充分利用地力；另一方面，既可充分利用空间，又可利用马尾松树冠的遮阴作用，避免阳光对肉桂幼树直射而灼伤，减少水分流失，提高造林成活率。在郁闭度0.4、0.6的马尾松林下套种肉桂造林，成活率可比耕地造林提高19.1%和19.6%，是发展肉桂造林的好途径。在生产上应大力提倡在郁闭度0.4左右的马尾松林分中套种肉桂。但不宜在郁闭度较大的林分内套种，以免影响肉桂后期生长和桂油品质。

3. 林下养殖

林下养殖选择水肥条件好，林下植被茂盛、交通方便的生态公益林地进行林下养殖，如：养鸡、养羊、养鸭、养兔，增加林农收入。林下养殖模式，夏秋季节，林木为鸡、鹅等遮阴避暑，动物食害虫、青草、树叶，能减少害虫数量，节省近一半饲料，大大降低了农民打药和管理的费用，动物粪又可以肥地，形成了一个高效的绿色链条。大力发展林下经济作为推动林畜大县建设步伐的重要措施，坚持以市场为导向，以效益为

中心，科学规划，因地制宜，突出特色，积极探索林下养殖经济新模式。

发展林下规模养殖的总体要求是，要坚持科学发展观，以市场为导向，以效益为中心，科学规划，合理布局，突出特色，因地制宜，政策引导，示范带动，整体推进，使林下养殖成为绿色、生态林牧业生产的亮点和农村经济发展、农民增收新的增长点。

在农村，许多农户大多是利用房前屋后空地养鸡，饲养数量少，难成规模，而且不利于防疫。林下养鸡是以放牧为主、舍饲为辅的饲养方式，其生产环境较为粗放。因此，应选择适应性强、抗病力强、耐粗饲、勤于觅食的地方鸡种进行饲养。林地最好远离人口密集区，交通便利、地势高燥、通风光照良好，有充足的清洁水源，地面为沙壤土或壤土，没有被传染病或寄生虫病原体污染。在牧地居中地段，根据群体大小选择适当避风平坦处，用土墙或砖木及油毛毡或稻草搭成高约 2 m 的简易鸡舍，地面铺砂土或水泥。鸡舍饲养密度以 20 只/m^2为宜，每舍养 1000 只，鸡舍坐北朝南。

4. 森林生态旅游

随着生活水平的不断提高以及人们回归自然的强烈愿望，丛林纵生，雪山环抱，峡谷壁立，草原辽阔，阳光灿烂，空气清新，人与自然和谐的环境备受人们向往和关注。森林生态旅游被人们称为“无烟的工业”，旅游开发升温迅速。

有些生态公益林所处地形复杂，生态环境多样，为旅游提供了丰富的资源，其中绝大部分属森林景观资源。以这些资源为依托，开发风景区，发展生态旅游，同时带动了相关第三产业的发展，促进了经济发展。

森林浴：重在对现有森林生态的保护，沿布设道路对不同树种进行挂牌，标示树种名称、特性，对保护植物应标明保护级别等，提醒游人对保护植物的关爱。除建设游步道外，不建设其他任何设施，以维护生物多样性，使游人尽情享受森林的沐浴。

花木园：在原有旱地上建立以桂花、杜英、香樟及深山含笑等为主的花木园，可适当密植，进行块状混种。一方面，可增加生态林阔叶林的比重，增加景观的观赏性；另一方面，也可提供适量的绿化苗，增加收入。

观果植物园：建设观果植物园，如：油茶林、柑橘林，对油茶林进行除草、松土，对柑橘林进行必要的除草培土、修剪和施肥，促进经济林的生长，从而提高其产量和质量，增加经济收入，同时也可为游人增加一些如在成熟期采摘果实参与性项目。

休闲娱乐：根据当地实际情况，以及休闲所在地和绿色养殖的特点，设置餐饮服务和休闲区，利用当地木、竹材料进行搭建，充分体现当地民居特色，使游人在品尝绿色食品、体验优美自然环境后有下次再想去的欲望。

生态公益林区还可以作为农林院校、科研机构及林业生产部门等进行科研考察和试验研究的基地，促进林业科研水平和生产水平的提高。

森林生态旅游的开发必须服从于生态保护，即必须坚持在保护自然环境和自然资源为主的原则下，做好旅游开发中的生态保护。森林生态旅游的开发必须在已建立的森林生态旅游区或将规划的森林生态旅游区进行本底调查，除了调查人文景观、自然景观外，还要进行植被类型、植被区系、动物资源等生物资源方面的调查，了解旅游区动、植物的保护类型及数量，在符合以下规定的基础上制定出生态旅游区的游客容量及游览线路。防止对自然环境的人为消极作用，控制和降低人为负荷，应分析人的数量、活动方式与停留时间，分析设施的类型、规模、标准，分析用地的开发强度，提出限制性规定或控制性指标。保持和维护原有生物种群、结构及其功能特征，保护典型而示范性的自然综合体。提高自然环境的复苏能力，提高氧、水、生物量的再生能力与速度，提高其生态系统或自然环境对人为负荷的稳定性或承载力，以保证游客游览的过程中不会对珍稀动植物造成破坏，并影响其自然生长。

三、重点攻关技术

生态公益林的经营是世界性的研究课题，尤其是在近年来全球环境日趋恶化的形势下，生态公益林建设更是引起了全世界的关注，被许多国家提到议事日程上。公益林建设的关键是建设资金问题，不可否认，生态公益林建设是公益性的事业，其建设资金应由政府投入，但是由于许多国家存在着先发展经济、后发展环境的观念，生态公益林建设资金短缺十分严重。因此，有些国家开始考虑在最大限度地发挥生态公益林生态效益的前提下，对公益林进行适当经营，以取得短期的经济效益，从而解决公益林建设的资金问题。美国制订的可持续林计划，为森林工作者、土地拥有者、伐木工人及纸业生产商提供了一种有效的途径，使他们在保证有效经营的同时，又能满足人们不断提高的环保要求，最终用森林资源的经济效益来保证其生态效益的发挥，他们也提出了发挥森林生态效益和经济效益结合的模式，如：适当的间伐、套种经济作物等。法国在 20 世纪 80 年代成立自然资源核算委员会，开展森林资源、动植物资源的核算试验，以评估生态公益林的经济价值，并进行改造和提高现有生态公益林的生态功能试验。

（一）生态公益林的经普利用模式比较分析

目前，国内在不影响生态公益林发挥生态效益的前提下，进行生态公益林适当经营的研究还不多，特别是把生态公益林维持生态平衡的功能和其产业属性结合起来，从中取得经济效益并能提高生态公益林生态功能模式的研究更少。

在保护生态公益林的前提下，寻找保护与利用的最佳结合点，开展一些林下利用试

点。在方式上，要引导以非木质利用为主、采伐利用为辅的方式；在宣传导向上，要重点宣传非木质利用的前景，是今后利用的主要方向；在载体上，要产业拉动，特别是与加工企业对接，要重视科技攻关，积极探索非木质利用的途径和方法，逐步解决林下种植的种苗问题。开展生态公益林限制性利用试点，开展林下套种经济作物等非木质利用试点，探索一条在保护前提下，保护与利用相结合的路子，条件好的林区每个乡镇搞一个村的试点，其余县市选择一个村搞试点，努力探索生态林限制性利用途径。

（二）生态公益林的非木质资源综合利用技术

非木质资源利用是山区资源、经济发展和摆脱贫困的必然选择，也是改善人民生产、生活条件的重要途径。非木质资源利用生产经营周期大大缩短，一般叶、花、果、草等在利用后只需 1 年时间的培育就能达到再次利用的状态。这种短周期循环利用方式不仅能提高森林资源利用率，而且具有持续时间长、覆盖面广的特性。因此，能使林区农民每年都能有稳定增长的经济收入。所以，公益林生产地应因地制宜大力发展林、果、竹、药、草、花，开发无污染的天然保健“绿色食品”，建设各种林副产品开发基地。

建立专项技术保障体系生态公益林限制性利用技术支持系统，包括资源调查可靠性，技术方案可行性，实施运作过程的可控制性和后评价的客观性，贯穿试验工作全过程。由专职人员对试验全过程进行有效监控，建立资源分析档案。

非木质资源利用对服务体系的需求主要体现在科技服务体系、政策支持体系、病虫害检疫和防治体系、资源保护与控制服务体系、林产品购销服务体系等方面，这些体系在我国的广大公益林地还不够健全，尤其是山区，对非木质资源的利用带来不利因素。应结合政府机构改革，转变乡镇政府职能，更好地为林农提供信息、技术、销售等产前产中产后服务。加强科技人员的培训，更新知识，提高技能，增强服务意识，切实为“三农”服务。

（三）促进生态公益林植被恢复和丰富森林景观技术

森林非木质资源的限制性开发利用，使农民收入构成发生变化，由原来主要依赖木质资源的利用转化为主要依赖非木质资源的利用，对森林资源的主要组成部分——林木没有直接造成损害，因此，对森林资源及生态环境所带来的负面效应很小。而且，非木质资源的保护和利用通过各种有效措施将其对森林资源的生态环境的负面影响严格控制在可接受的限度之间，在一定程度上还可以提高生物种群结构的质量和比例的适当性、保持能量流和物质流功能的有效性、保证森林生态系统能够依靠自身的功能实现资源的良性循环与多途径利用实现重复利用，使被过度采伐的森林得以休养生息，促进森林覆盖率、蓄积稳定增长，丰富了森林景观。而且具有收益稳、持续时间长、覆盖面广的特性，为当地林农和政府增加收入，缓解生态公益林的保护压力，维护森林生物多样性，促进森林的可持续发展。

（四）生态公益林结构调整和提高林分质量技术

通过林分改造和树种结构调整，能增加阔叶树的比例，促进生态公益林林分质量的提高，增加了森林的生态功能。另外，通过林下养殖及林下种植，可以改善土壤结构，促进林分生长，提高生态公益林发挥其涵养水源、保持水土的功能，使生态公益林沿着健康良性循环的轨道发展。

建立对照区多点试验采取多点试验，就是采取比较开放的和比较保守的不同疏伐强度试验点。同时对相同的林分条件，不采取任何经营措施，建立对照点。通过试验取得更有力的科学依据，用于补充和完善常规性技术措施的不足，使林地经营充分发挥更好的效果。

第三节　流域与滨海湿地生态保护及恢复技术

一、流域生态保护与恢复

（一）流域生态保育技术

1. 流域天然林保护和自然保护区建设

生物多样性保护与经济持续发展密切相关。自然保护区和森林公园的建立是保护生物多样性的重要途径之一。自然保护区由于保护了天然植被及其组成的生态系统（代表性的自然生态系统，珍稀动植物的天然分布区，重要的自然风景区，水源涵养区，具有特殊意义的地质构造、地质剖面和化石产地等），在改善环境、保持水土、维持生态平衡等方面具有重要的意义。

2. 流域监测、信息共享与发布系统平台建设

流域的综合管理和科学决策需要翔实的信息资源为支撑，以流域管理机构为依托，利用现代信息技术开发建设流域信息化平台。完善流域实时监测系统，建立跨行政区和

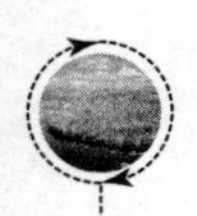

跨部门的信息收集和共享机制，实现流域信息的互通、资源共享、提高信息资源的利用效率。

3. 流域生态补偿机制的建立

流域生态经济理论认为：流域上中下游的生态环境、经济发展和人类生存乃是一个生死与共的结构系统。它们之间经济的、政治的、文化的等各种关系，都通过生命之水源源不断流动和地理、历史、环境、气候等的关联而紧密相连。合理布局流域上中下游产业结构和资源配置。加大对上游地区的道路、通信、能源、水电、环保等基础设施的投入，从政策、经济、科技、人才等多方面帮助上游贫困地区发展经济，脱贫致富。加强对交通、厂矿、城镇、屋宅建设的管理。实行“谁建设，谁绿化”措施，严防水土流失。退耕还草，退耕还林，绿化荒山，保护森林。立法立规，实施“绿水工程”，对城镇的工业污水和生活污水全面实行清浊分流和集中净化处理，严禁把大江小河当作垃圾池和“下水道”的违法违规行为。动员全社会力量，尤其是下游发达地区政府和人民通过各种方式和各种渠道帮助上游人民发展经济和搞好环境保护。

（二）流域生态恢复

流域生态恢复的关键技术包括流域生境恢复技术、流域生物恢复技术和流域生态系统结构与功能恢复技术。

1. 流域水土流失综合治理

坚持小流域综合治理，搞好基本农田建设，保护现有耕地。因地制宜，大于25°陡坡耕地区域坚决退耕还林还草，小于15°适宜耕作区域采取坡改梯、节水灌溉、作物改良等水土保持综合措施；集中连片进行“山水田林路”统一规划和综合治理，按照优质、高产、高效、生态、安全和产业化的要求，培植和发展农村特色产业，促进农村经济结构调整，并逐步提高产业化水平。

建立水土保持监测网络及信息系统，提高遥感监测的准确性、时效性和频率，促进对水土流失发生、发展、变化机理的认识，揭示水土流失时空分布和演变的过程、特征和内在规律。指导不同水土流失区域的水土保持工作。

2. 流域生物恢复技术

流域生物恢复技术包括物种选育和培植技术、物种引入技术、物种保护技术等。不同区域、不同类型的退化生态系统具有不同的生态学过程，通过不同立地条件的调查，选择乡土树种。然后进行栽培试验，试验成功后进行推广。同时可引进外来树种，通过试验和研究，筛选出不同生态区适宜的优良树种，与流域树种结构调整工程相结合。

3. 流域退化生态系统恢复

研究生态系统退化就是为了更好地进行生态恢复。生态系统退化的具体过程与干扰的质、强度和延续的时间有关。生态系统退化的根本特征是在自然胁迫或人为干扰下，结构简化、组成成分减少、物流能流受阻、平衡状态破坏、更新能力减弱，以及生态服务功能持续下降。研究包括：生态系统退化类型和动因；生态系统退化机制；生态系统退化诊断与预警；退化生态系统的控制与生态恢复。

对流域内的天然林进行严格的保护，退化的次生林进行更新改造，次生裸地进行常绿阔叶林快速恢复与重建。根据流域内自然和潜在植被类型，确定造林树种，主要是建群种和优势种，也包含灌木种类。

在流域生态系统恢复和重建过程中，因地制宜地营造经济林、种植药材、培养食用菌等相结合的生态林业工程，使流域的生物多样性得到保护，促进流域生态系统优化。

二、湿地生态系统保护与恢复

（一）湿地生态系统保护

由于湿地处于水陆交互作用的区域，生物种类十分丰富，仅占地球表面积 6%的湿地，却为世界上 20%的生物提供了生境，特别是为濒危珍稀鸟类提供生息繁殖的基地，是众多珍稀濒危水禽完成生命周期的必经之地。

1. 湿地自然保护区建设

我国湿地处于需要抢救性保护阶段，努力扩大湿地保护面积是当前湿地保护管理工作的首要任务。建立湿地自然保护区是保护湿地的有效措施。要从抢救性保护的要求出发，按照有关法规法律，采取积极措施在适宜地区抓紧建立一批各种级别的湿地自然保护区，特别是对那些生态地位重要或受到严重破坏的自然湿地，更要果断地划定保护区域，实行严格有效的保护。

2. 湿地生态系统保护

一个系统的面积越大，该系统内物种的多样性和系统的稳定性越有保证。因此，增加湿地的面积是有效恢复湿地生态系统平衡的基础。严禁围地造田，对湿地周围影响和破坏湿地生境的农田要退耕还湿，恢复湿地生境，增加湿地面积。湿地入水量减少是造成湿地萎缩不可忽视的原因，水文条件成为湿地健康发展的制约因素，需要通过相关水利工程加以改善。增加湖泊的深度和广度以扩大湖容，增加鱼的产量，增强调蓄功能；

积极进行各湿地引水通道建设，以获得高质量的补充水源；加强水利工程设施的建设和维护，加固堤防，搞好上游的水土保持工作，减少泥沙淤积；恢复泛滥平原的结构和功能以利于蓄纳洪水，提供野生生物栖息地及人们户外娱乐区。

湿地保护是一项重要的生态公益事业，做好湿地保护管理工作是政府的职能。各级政府应高度重视湿地保护管理工作，在重要湿地分布区，要把湿地保护列入政府的重要议事日程，作为重要工作纳入责任范围，从法规制度、政策措施、资金投入、管理体系等方面采取有力措施，加强湿地保护管理工作。

（二）湿地生态恢复技术

湿地恢复是指通过生态技术或生态工程对退化或消失的湿地进行修复或重建，再现干扰前的结构和功能，以及相关的物理、化学和生物学特性，使其发挥应有的作用。根据湿地的构成和生态系统特征，湿地的生态恢复可概括为：湿地生境恢复、湿地生物恢复和湿地生态系统结构与功能恢复三部分。

1. 湿地生境恢复技术

湿地生境恢复的目标是通过采取各类技术措施，提高生境的异质性和稳定性。湿地生境恢复包括湿地基底恢复、湿地水状况恢复和湿地土壤恢复等。湿地的基底恢复是通过采取工程措施，维护基底的稳定性，稳定湿地面积，并对湿地的地形、地貌进行改造。基底恢复技术包括湿地基底改造技术、湿地及上游水土流失控制技术、清淤技术等。湿地水状况恢复包括湿地水文条件的恢复和湿地水环境质量的改善。水文条件的恢复通常是通过筑坝（抬高水位）、修建引水渠等水利工程措施来实现；湿地水环境质量改善技术包括污水处理技术、水体富营养化控制技术等。由于水文过程的连续性，必须严格控制水源河流的水质，加强河流上游的生态建设。土壤恢复技术包括土壤污染控制技术、土壤肥力恢复技术等。在湿地生境恢复时，进行详细的水文研究，包括地下水与湿地之间的相互关系，作为湿地需要水分饱和的土壤和洪水的水分与营养供给，在恢复与重建海岸湿地时，还需要了解潮汐的周期、台风的影响等因素；详细地监测和调查土壤，如：土壤结构、透水性和地层特点等。

2. 湿地生物恢复（修复）技术

湿地生物恢复（修复）技术主要包括物种选育和培植技术、物种引入技术、物种保护技术、种群动态调控技术、种群行为控制技术、群落结构优化配置与组建技术、群落演替控制与恢复技术等。在恢复与重建湿地过程中，作为第一性生产者的植被恢复与重建是首要过程。尽管水生植物或水生植被是广域和隐域性的，但在具体操作过程中应遵循因地制宜的原则。淡水湿地恢复和重建时，主要引入挺水和漂浮植物，如：菖蒲、芦苇、灯芯草、香蒲、苔草、水芹、睡莲等。植物的种子、根茎、鳞茎、根系、幼苗和成体，甚至包括种子库的土壤，均可作为建造植被的材料。

3. 生态系统结构与功能恢复技术

生态系统结构与功能恢复技术主要包括生态系统总体设计技术、生态系统构建与集成技术等。湿地生态恢复技术的研究既是湿地生态恢复研究中的重点，又是难点。

退化湿地生态系统恢复，在很大程度上须依靠各级政府和相关部门重视，切实加强对湿地保护管理工作的组织领导，强化湿地污染源的综合整治与管理，通过部门间的联合，加大执法力度。要严格控制湿地氮肥、磷肥、农药的施用量，控制畜禽养殖场废水对湿地的污染影响，大型畜禽养殖场废水要严格按有关污染物排放标准的要求达标排放，有条件的地区应推广养殖废水土地处理。

植物是人工湿地生态工程中最主要的生物净化材料，它能直接吸收利用污水中的营养物质，对水质的净化有一定作用。目前，在人工湿地植物种类应用方面，国内外均是以水生植物类型为主，尤其是挺水植物。由于不同植物种类在营养吸收能力、根系深度、氧气释放量、生物量和抗逆性等方面存在差异，所以它们在人工湿地中的净化作用并不相同。在选择净化植物时既要考虑地带性、地域性种类，还要选择经济价值高、用途广，以及与湿地园林化建设相结合的种类，尽可能地做到一项投入多处收益。植物除了对污物直接吸收外，还有重要的间接作用——输送氧气、提供碳源等，从而为各种微生物的活动创造有利的场所，提高了工程污水的净化作用。

第四节　沿海防护林体系营建技术

一、防护林立地类型划分与评价

根据地质、地貌、土壤和林木生长等因素，在大量的外业调查资料和内业分析测算数据的基础上，运用综合生态分类方法、多用途立地评价技术，可以确定基岩海岸防护林体系建设中适地适树的主要限制因子，筛选出影响树种生长的主导因子，再建立符合不同类型海岸实际的立地分类系统，进行多用途立地质量评价，并根据立地类型的数量、面积和质量，提出与立地类型相适应的造林营林技术措施。为沿海基岩海岸防护林体系建设工程提供“适地适树”的理论依据，这将大大提高工程质量和投资效益，充分发挥土地生产潜力，并可创造出更高的经济效益和社会效益。

二、防护林树种选择技术

造林树种的选择必须依据两条基本原则：第一，要求造林树种的各项性状（以经济性状及效益性状为主）必须定向地符合既定的育林目标的要求，可简称为定向的原则；第二，要求造林树种的生态习性必须与造林地的立地条件相适应，可简称为适地适树的原则。这两条原则是相辅相成、缺一不可的，定向要求的森林效益是目的，适地适树是手段。人工林的生产力水平应是检验树种选择的主要指标，同时也要考虑其他经济效益、生态效益和社会效益的综合满足程度。

沿海基干林带和风口沙地生境条件恶劣，属于特殊困难造林地，表现在秋冬季东北风强劲，台风频繁，海风夹带含盐细沙、盐雾，对林木有毒害作用；沙地干旱缺水、土壤贫瘠，不利于林木生长。因此，选择造林树种时，应根据生境条件的特殊性，慎重从事，其主要原则和依据是：生态条件适应性原因，所选择的树种要能适应地带性生态环境；经营目的性原则，要能够符合海岸带基干林带及其前沿防风固沙的防护需要以生态效益为主；对沿海强风、盐碱和干旱等主要限制性生态因子要有很强的适应性和抗御能力。

三、沿海防护林结构配置原则

（一）生态适应性原则

沿海地区立地条件复杂多样，局部地形差别极大，在考虑防护林结构配置模式时，必须根据造林区具体的风力状况、土壤条件选择与之相适应的树种进行合理搭配，以提高造林效果和防护功能。

（二）防护效益最大化原则

防护林营建的主要目的是发挥其抵御风沙危害，改善沿海生态环境，因此，防护林结构配置，应以实现防护林防护效益最大化为目标，在选择配置树种时，要尽可能采用防护功能强的树种，并在迎风面按树种防护功能强弱和生长快慢顺序进行混交，促进防护林带早成林和防护效益早发挥。

（三）种间关系相互协调原则

不同树种有其各自的生物学和生态学特性，在选择不同树种混交造林时，要充分考虑树种间的关系，尽量选用阳性-耐阴性、浅根-深根型等共生性树种混交配置，以确保种间关系协调。

（四）防护效益优先，经济效益兼顾原则

沿海防护林体系建设属于生态系统工程，在防护林树种选择和结构配置上，必须优先考虑生态防护效益，但还要兼顾经济效益，以充分调动林农积极性，实行多树种、多林种和多种经营模式的有效结合。特别在基干林带内侧后沿重视林农、林果和林渔等优化配置，在保证生态功能持续稳定发挥的同时，增加防护林保护下发展农作物、果树、畜牧和水产养殖的产量和经济收益。

（五）景观多样性原则

不同树种形体各异，叶、花、果和色彩等均存在差异性，防护林结构配置在保证防护功能的前提下，需要充分考虑到树种搭配在视觉上协调和美感，增强人工林景观的多样性和复杂性，有利于促进森林旅游，提高当地旅游收入和带动其他行业发展。

第五节　城市森林与城镇人居环境建设技术

一、城市森林道路林网建设与树种配置技术

（一）城市道路景观的林带配置模式

城市道路景观的植物配置首先要服从交通安全的需要，能有效地协助组织车流、人流的集散，同时，兼顾改善城市生态环境及美化城市的作用。在树种配置上应充分利用土地，在不影响交通安全的情况下，尽量做到乔灌草的合理配置，充分利用乡土树种，展现不同城市的地域特色。

城乡绿色通道主要包括国道、省道、高速公路及铁路等，城乡绿色通道由于道路较宽、交通流量大，树种配置时主要考虑滞尘、降低噪声的生态防护功能，兼顾美观效果。树种配置时应采用常绿乔木、亚乔木、灌木、地被复式结构为主，乔、灌、花、草的互相搭配，形成立体景观效应，增强综合生态效益。交通线两边的山体斜坡或护坡，也可种上草或藤，有些地方还可以种上乔、藤、花等。

（二）城市森林水条林网建设与树种配置技术

1. 市级河道景观生态林模式

市级河道两岸是城市居民休闲娱乐的场所，在景观林带设计上应将其生态功能与景观功能相结合，树种配置上除了考虑群落的防护功能外，还应选择具有观赏性较强的或具有一定文化内涵的植物，以形成一定的景观效果。每侧宽度应根据实际情况，一般应保持 20~30 m，宜宽则宽，局部可建沿河休闲广场，为城市居民提供良好的休闲场所。

2. 区县级河道生态景观林模式

区县级河道主要是生态防护功能，兼顾景观功能和经济功能。在树种配置上以复层群落配置营造混交林，形成异龄林复层多种植物混交的林带结构，充分发挥河道林带的生态功能。同时，根据河道两岸不同的景观特色，进行不同的植物配置，营造不同的景观风格。河道宽度一般控制在 10~20 m，应根据河道两岸实际情况，林带宜宽则宽，宜窄则窄。

（三）城市森林隔离防护林带配置模式

1. 工厂防污林带的配置模式

该模式主要针对具有污染性的工厂而建设污染隔离防护林，防止污染物扩散，同时兼顾吸收污染物的作用。根据不同工业污染源的污染物种类和污染程度，选择具有抗污吸污的树种进行合理配置。树种选择如下所示：

工厂防火树种：选择含水量大的、不易燃烧的树种，如：银杏、海桐、泡桐、女贞、杨柳、桃树、棕榈、黄杨等。抗烟尘树种：黄杨、五角枫、乌桕、女贞、三角枫、桑树、紫薇、冬青、珊瑚树、桃叶珊瑚、广玉兰、石楠、枸骨、樟树、桂花、大叶黄杨、夹竹桃、栀子花、槐树、银杏、榆树等。具有滞尘能力的树种：黄杨、臭椿、槐树、皂荚、刺槐、冬青、广玉兰、朴树、珊瑚树、夹竹桃、厚皮香、枸骨、银杏等。抗二氧化硫气体树种：榕树、九里香、棕榈、雀舌黄杨、瓜子黄杨、十大功劳、海桐、女贞、皂荚、夹竹桃、广玉兰、重阳木、黄杨等。抗氯气树种：龙柏、皂荚、侧柏、海桐、山茶、椿树、夹竹桃、棕榈、构树、木槿、无花果、柳树、枸杞等。

2. 沿海城市防护林带的配置模式

城市防护林不但为城市区域经济发展提供庇护与保障，而且在环境保护、提高市民经济收入和风景游憩功能等方面发挥重要的作用。城市防护林应充分考虑其防御风沙、保持水土、涵养水源、保护生物多样性等生态效应，建立多林种、多树种、多层次的合理结构。在防护林的带宽、带距、疏透度方面，根据城市特点、地理条件来确定，一般林带由三带、四带、五带等组合形式组成。城市防护林树种选择时，要根据树种特性，充分考虑区域的自然、地理、气候等因素，因地制宜地进行合理的配置。

二、城市森林核心林地（片林）构建技术

（一）风景观赏型森林景观模式

该模式以满足人们视觉上的感官需求，发挥森林景观的观赏价值和游憩价值。风景观赏型森林景观营造要全面考虑地形变化的因素，既要体现景象空间微观的景色效果，也要有不同视距和不同高度宏观的景观效应，充分利用现有森林资源和天然景观，尽量做到遍地林木，层林尽染。在树种组合上，要充分发挥树种在水平方向和垂直方向上的结构变化，体现由不同树种有机组成的植物群体，呈现出多姿多彩的林相及季相变化，显得自然而生动活泼。在立地条件差、土壤瘠薄的区域，可选择速生性强、耐瘠薄、耐旱涝和根系发达的树种，如：巨尾桉、马占相思、山杜英、台湾相思、木麻黄、夹竹桃和杨梅等；常绿阔叶林主要组成树种有：木荷、青冈、润楠、榕属、潺槁树、厚壳树、土密树、朴树、台湾相思等；彩化景观树种主要有：木棉、黄山栾树、台湾栾树、凤凰木、黄金宝树、黄花槐、香花槐、刺桐、木芙蓉、山乌桕、山杜英、大花紫薇、野漆、幌伞枫、兰花楹、南洋楹、细叶榄仁、红花羊蹄甲、枫香、槐树等。

（二）休息游乐型森林景观模式

该模式以满足人们休息娱乐为目的，充分利用植物能够分泌和挥发有益的物质，合理配置林相结构，形成一定的生态结构，满足人们森林保健、健身或休闲野营等要求，从而达到增强身心健康的目的。树种选择上应选择能够挥发有益的物质，如：桉树、侧柏、肉桂、柠檬、肖黄栌等；能分泌杀菌素，净化活动区的空气，如：含笑、桂花、米兰、广玉兰、栀子、茉莉等，均能挥发出具有强杀菌能力的芳香油类，利于老人消除疲劳，保持愉悦的心情。

（三）文化展示型森林景观模式

该模式在植物群落建设同时强调意与形的统一、情与景的交融，利用植物寓意联想来创造美的意境，寄托感情，形成文化展示林，提高生态休闲的文化内涵，提升城市森林的品位。如利用优美的树枝：苍劲的古松，象征坚韧不拔；青翠的竹丛，象征挺拔、

虚心劲节；傲霜的梅花，象征不怕困难、无所畏惧。利用植物的芳名：金桂、玉兰、牡丹、海棠组合，象征“金玉满堂”；桃花、李花象征“桃李满天下”；桂花、杏花象征富贵、幸福；合欢象征合家欢乐。利用丰富的色彩：色叶木引起秋的联想，白花象征宁静柔和，黄花朴素，红花欢快热烈，等等。在地域特色上，通过市花、市树的应用，展示区域的文化内涵。如：厦门的凤凰木、三角梅，福州的榕树、茉莉花，泉州的刺桐树、含笑花，莆田的荔枝树、月季花，龙岩的樟树、茶花和兰花，漳州的水仙花，三明的黄花槐、红花紫荆与迎春花，等等。

三、城市广场、公园、居住区及立体绿化技术

（一）广场绿化树种选择与配置技术

城市广场绿化可以调节温度、湿度，吸收烟尘，降低噪声和减少太阳辐射等。铺设草坪是广场绿化运用最普遍的手法之一，它可以在较短的时间内较好地实现绿化目的。广场草坪一般要选用多年生矮小的草本植物进行密植，经修剪形成平整的人工草地。选用的草本植物要具有个体小、枝叶紧密、生长快、耐修剪、适应性强、易成活等特点，常用的草种植物有：假俭草、地毯草、狗牙根、马尼拉草、中华结缕草、沿阶草。广场花坛、花池是广场绿化的造景要素，应用彩叶地被灌木树种进行绿化，可以给广场的平面、立体形态增加变化，常见的形式有花带、花台、花钵及花坛组合等，其布置灵活多变。地被植物有：龙舌兰、红苋草、红桑、紫鸭趾草、小蚌花、红背桂、大花美人蕉、花叶艳山姜、天竺葵、一串红、美女樱。灌木彩叶树种有：黄金榕、朱顶红、肖黄栌、变叶木、金叶女贞、红枫、紫叶李、花叶马拉巴栗、紫叶小梨、黄金葛等。

（二）公园绿化树种选择与配置技术

城市公园生态环境系统是一个人工化的环境系统，是以原有的自然山水和森林植物群落为依托，经人们的加工提炼和艺术概括，高度浓缩和再现原有的自然环境，供城市居民娱乐游憩生活消费。植物景观营造必须从其综合的功能要求出发，具备科学性与艺术性两方面的高度统一，既要满足植物与环境在生态适应上的统一，又要通过艺术构图原理体现出植物个体及群体的形式美及人们在欣赏时所产生的意境美。树种配置主要是模拟和借鉴野外植物群落的组成，源于自然又高于自然，利用国内外先进的生态园林建设理念，进行详尽规划设计，多选用乡土树种，富有创造性地营造稳定生长的植物群落。

营建滨水区的植物群落特色，利用自然或人工的水环境，从水生植物逐渐过渡到陆生植物形成湿生植物带，植物、动物与水体相映成趣、和谐统一。由于水岸潮间带是野生动植物的理想栖息地，能形成稳定的自然生态系统，是城市中的最佳人居环境。

利用地形地貌营造的植物群落，福建省丘陵山地多，峭壁、溪涧、挡墙、岩石、人工塑石等复杂地形特征很常见，依地形而建的植物群落易成主景，可利用本土树种、野生植物、岩生植物、旱生植物进行风景林相改造，营造出层次丰富、物种丰富的山地植物群落。

以草坪和丛林为主的植物群落，大草坪做衬底，花境做林缘线，丛林构成高低起伏的天际线，中间层简洁，整个群落轮廓清楚，过渡自然，层次分明，观赏性强，人们可以在群落内游憩，这类植物群落可以在广场绿地、休闲绿地等中心绿地广为应用。

以中小乔木为主突出季相变化的小型植物群落，乔木层结构简单，灌木层丰富，以大花乔木和落叶乔木为主，搭配大量灌木、观叶植物、花卉地被，突出植物造景，这类植物群落可用于街头绿地、建筑广场、道路隔离带等小型绿地。

以高大乔木为主结构复杂的植物群落，借鉴和模拟亚热带和中亚热带原始植物群落景观，上层选用高大阳性乔木，二层、三层为半阴性中小乔木和大藤本，灌木层由耐阴观叶植物、藤灌、小树组成，地被为耐强阴的草本、蔓性地被，在树枝上挂着附生植物，这类植物群落适宜在城市中心绿地、道路两侧绿化带等城市之“肺”上营造。

以棕榈科植物为主的植物群落，以高大的棕榈树高低错落组合形成群落主体，群落中间配置丛生及藤本棕榈植物，增强群落层次，底层选用花卉、半阴性地被、草皮来衬托棕榈植物优美的树形。

（三）居住区与单位庭院树种配置模式

居住区与单位是人们生活和工作的场所。为了更好地创造出舒适和优美的生活环境，在树种配置时应注意空间和景观的多样性，以植物造园为主进行合理布局，做到不同季节、时间都有景可观，并能有效组织分隔空间，充分发挥生态、景观和使用三个方面的综合效用。

1. 公共绿地

公共绿地为居民工作和生活提供良好的生态环境，功能上应满足不同年龄段的休息、交往和娱乐的场所，并有利于居民身心健康。树种配置时应充分利用植物来划分功能区和景观，使植物景观的意境和功能区的作用相一致。在布局上应根据原有地形、绿地、周围环境进行布局，采用规则式、自然式、混合式布置形式。由于公共绿地面积较小，布置紧凑，各功能分区或景观间的节奏变化较快，因而在植物选择上也应及时转

换，符合功能或景区的要求。植物选择上不应具有带刺的或有毒、有臭味的树木，而应利用一些香花植物进行配置，如：白兰花、广玉兰、含笑、桂花、栀子花、云南黄素馨等，形成特色。

2. 中心游园

居住小区中心游园是为居民提供活动休息的场所，因而在植物配置上要求精心、细致和耐用。以植物造景为主，考虑四季景观，如体现春景可种植垂柳、白玉兰、迎春、连翘、海棠、碧桃等，使得春日时节，杨柳青青，春花灼灼；而在夏园，则宜选用台湾栾树、凤凰木、合欢、木槿、石榴、凌霄、蜀葵等，炎炎夏日，绿树成荫，繁花似锦；秋园可种植柿树、红枫、紫薇、黄栌，层林尽染，硕果累累；冬有蜡梅、罗汉松、龙柏、松柏，苍松翠柏，从而形成丰富的季相景观，使全年都能欣赏到不同的景色。同时，还要因地制宜地设置花坛、花境、花台、花架、花钵等植物应用形式，为人们休息、游玩创造良好的条件。

3. 宅旁组团绿地

是结合居住区不同建筑组群的组成而形成的绿化空间，在植物配置时要考虑到居民的生理和心理的需要，利用植物围合空间，尽可能地植草种花，形成春花、夏绿、秋色、冬姿的美好景观。在住宅向阳的一侧，应种落叶乔木，以利夏季遮阴和冬季采光，但应在窗外 5 m 处栽植，注意不要栽植常绿乔木，在住宅北侧，应选用耐阴花灌木及草坪，如：大叶棕竹、散尾葵、珍珠梅、绣球花等。为防止西晒，东西两侧可种植攀缘植物或高大落叶乔木，如：五叶地锦、炮仗花、凌霄、爬山虎、木棉等，墙基角隅可种植低矮的植物，使垂直的建筑墙体与水平的地面之间以绿色植物为过渡，如：植佛肚竹、鱼尾葵、满天星、铺地柏、棕竹、凤尾竹等，使其显得生动活泼。

4. 专用绿地

各种公共建筑的专用绿地要符合不同的功能要求，并和整个居住区的绿地综合起来考虑，使之成为有机整体。托儿所等地的植物选择宜多样化，多种植树形优美、少病虫害、色彩鲜艳、季相变化明显的植物，使环境丰富多彩，气氛活泼；老年人活动区域附近则须营造一个清静、雅致的环境，注重休憩、遮阴要求，空间相对较为封闭；医院区域内，重点选择具有杀菌功能的松柏类植物；而工厂重点污染区，则应根据污染类型有针对性地选择适宜的抗污染植物，建立合理的植被群落。

（四）城市立体绿化模式

城市森林不仅是为了环境美化，更重要的是改善城市生态环境。随着城市社会经济高速发展，城区内林地与建筑用地的矛盾日益突出。因此，发展垂直绿化是提高城市绿地“三维量”的有效途径之一，能够充分利用空间，达到绿化、美化的目的。在尽可能挖掘城市林地资源的前提下，通过高架垂直绿化、屋顶绿化、墙面栏杆垂直绿化、窗台绿化、檐口绿化等占地少或不占地而效果显著的立体绿化形式，构筑具有南亚热带地域特色的立体绿色生态系统，提高绿视率，最大限度地发挥植物的生态效益。垂直绿化是通过攀缘植物去实现，攀缘植物具有柔软的攀缘茎，以缠绕、攀缘、钩附、吸附四种方式依附其上。福建地区适合墙体绿化的攀缘植物有：爬山虎、异叶爬山虎、络石、扶芳藤、薜荔、蔓八仙花、美国凌霄、中华常春藤、大花凌霄等；适宜花架、绿廊、拱门、凉亭等绿化的植物有：三角梅、山葡萄、南五味子、葛藤、南蛇藤、毛茉莉、炮仗花、紫藤、龙须藤等；适宜栅栏、篱笆、矮花墙等低矮且通透性的分隔物绿化植物有：大花牵牛、圆叶牵牛、藤本月季、白花悬钩子、多花蔷薇、长花铁线莲、炮仗花、硬骨凌霄、三角梅等；屋顶绿化应选用浅根性、喜光、耐旱、耐瘠薄和树姿轻盈的植物，主要有：葡萄、月季、金银花、雀舌黄杨、迎春、茑萝、马尼拉草、圆叶牵牛、海棠、金叶小璧、洒金榕、凌霄、薜荔、仙人球、龙舌兰、南天竹、十大功劳、八角金盘、桃叶珊瑚、杜鹃等。

第四章 林业与生态文明建设

第一节 林业与生态环境文明

一、现代林业与生态建设

（一）森林被誉为大自然的总调节器，维持着全球的生态平衡

地球上的自然生态系统可划分为陆地生态系统和海洋生态系统。其中，森林生态系统是陆地生态系统中组成最复杂、结构最完整、能量转换和物质循环最旺盛、生物生产力最高、生态效应最强的自然生态系统；是构成陆地生态系统的主体；是维护地球生态安全的重要保障，在地球自然生态系统中占有首要地位。森林在调节生物圈、大气圈、水圈、土壤圈的动态平衡中起着基础性、关键性作用。

森林生态系统是世界上最丰富的生物资源和基因库。仅热带雨林生态系统就有 200 万~400 万种生物。森林的大面积被毁，大大加速了物种消失的速度。近 200 年来，濒临灭绝的物种就有将近 600 种鸟类、400 余种兽类、200 余种两栖类及 2 万余种植物，这比自然淘汰的速度快 1000 倍。

森林是一个巨大的碳库，是大气中 CO_2 重要的调节者之一。一方面，森林植物通过光合作用，吸收大气中的 CO_2；另一方面，森林动植物、微生物的呼吸及枯枝落叶的分解氧化等过程，又以 CO_2、CO、CH_4 的形式向大气中排放碳。

森林对涵养水源、保持水土、减少洪涝灾害具有不可替代的作用。据专家估算，目前我国森林的年水源涵养量达 3474 亿 t，相当于现有水库总容量（4600 亿 t）的 75. 5%。

根据森林生态定位监测，4 个气候带 54 种森林的综合积蓄降水能力为 40.93～165.84 mm，即每公顷森林可以积蓄降水约 1000 m^3。

（二）森林在生物世界和非生物世界的能量与物质交换中扮演着主要角色

森林作为一个陆地生态系统，具有最完善的营养级体系，即从生产者（森林绿色植物）、消费者（包括草食动物、肉食动物、杂食动物及寄生和腐生动物）到分解者全过程完整的食物链和典型的生态金字塔。由于森林生态系统面积大，树木形体高大，结构复杂，多层的枝叶分布使叶面积指数大，因此，光能利用率和生产力在天然生态系统中是最高的。除了热带农业以外，净生产力最高的就是热带森林，连温带农业也比不上它。以温带地区几个生态系统类型的生产力相比较，森林生态系统的平均值是最高的。以光能利用率来看，热带雨林年平均光能利用率可达 4.5%，落叶阔叶林为 1.6%，北方针叶林为 1.1%，草地为 0.6%，农田为 0.7%。由于森林面积大，光合利用率高，因此，森林的生产力和生物量均比其他生态系统类型高。据推算，全球生物量总计为 1856 亿 t，其中 99.8%是在陆地上。森林每年每公顷生产的干物质量达 6～8t，生物总量达 1664 亿 t，占全球的 90%左右，而其他生态系统所占的比例很小，如：草原生态系统只占 4.0%，苔原和半荒漠生态系统只占 1.1%。

（三）森林对保持全球生态系统的整体功能起着中枢和杠杆作用

森林减少是由人类长期活动的干扰造成的。在人类文明之初，人少林茂兽多，常用焚烧森林的办法，获得熟食和土地，并借此抵御野兽的侵袭。进入农耕社会之后，人类的建筑、薪材、交通工具和制造工具等，皆需要采伐森林，尤其是农业用地、经济林的种植，皆由原始森林转化而来。工业革命兴起，大面积森林又变成工业原材料。直到今天，城乡建设、毁林开垦、采伐森林，仍然是许多国家经济发展的重要方式。

伴随人类对森林的一次次破坏，接踵而来的是森林对人类的不断报复。巴比伦文明毁灭了，玛雅文明消失了，黄河文明衰退了。水土流失、土地荒漠化、洪涝灾害、干旱缺水、物种灭绝、温室效应，无一不与森林面积减少、质量下降密切相关。

我国森林的破坏导致了水患和沙患两大心腹之患。西北高原森林的破坏导致大量泥沙进入黄河，使黄河成为一条悬河。长江流域的森林破坏也是近现代以来长江水灾不断加剧的根本原因。北方几十万平方千米的沙漠化土地和日益肆虐的沙尘暴，也是森林破坏的恶果。人们总是经不起森林的诱惑，过度地索取物质材料，却总是忘记森林作为大地屏障、江河的保姆、陆地生态的主体，对于人类的生存具有不可替代的整体性和神圣性。

地球上包括人类在内的一切生物都以其生存环境为依托。森林是人类的摇篮、生存的庇护所，它用绿色装点大地，给人类带来生命和活力，带来智慧和文明，也带来资源和财富。森林是陆地生态系统的主体，是自然界物种最丰富、结构最稳定、功能最完善也最强大的资源库、再生库、基因库、碳储库、蓄水库和能源库，除了能提供食品、医药、木材及其他生产生活原料外，还具有调节气候、涵养水源、保持水土、防风固沙、改良土壤、减少污染、保护生物多样性、减灾防洪等多种生态功能，对改善生态、维持生态平衡、保护人类生存发展的自然环境起着基础性、决定性和不可替代的作用。在各种生态系统中，森林生态系统对人类的影响最直接、最重大，也最关键。离开了森林的庇护，人类的生存与发展就会丧失根本和依托。

森林和湿地是陆地最重要的两大生态系统，它们以70%以上的程度参与和影响着地球化学循环的过程，在生物界和非生物界的物质交换与能量流动中扮演着主要角色，对保持陆地生态系统的整体功能、维护地球生态平衡、促进经济与生态协调发展发挥着中枢和杠杆作用。林业就是通过保护和增强森林、湿地生态系统的功能来生产出生态产品。这些生态产品主要包括：吸收 CO_2、释放 O_2、涵养水源、保持水土、净化水质、防风固沙、调节气候、清洁空气、减少噪声、吸附粉尘、保护生物多样性等。

二、现代林业与生物安全

（一）生物安全问题

生物安全是生态安全的一个重要领域。目前，国际上普遍认为，威胁国家安全的不只是外敌入侵，诸如外来物种的入侵、转基因生物的蔓延、基因食品的污染、生物多样性的锐减等生物安全问题也危及人类的未来和发展，也直接影响着国家安全。维护生物安全，对于保护和改善生态环境，保障人的身心健康，保障国家安全，促进经济、社会可持续发展，具有重要的意义。在生物安全问题中，与现代林业紧密相关的主要是生物多样性锐减及外来物种入侵。

1．生物多样性锐减

由于森林的大规模破坏，全球范围内生物多样性显著下降。根据专家测算，由于森林的大量减少和其他种种因素，现在物种的灭绝速度是自然灭绝速度的1000倍。这种消亡还呈惊人的加速之势，20世纪70年代是每周1个，80年代每天1个，90年代几乎每小时1个。有许多物种在人类还未认识之前，就携带着它们特有的基因从地球上消失了，而它们对人类的价值很可能是难以估量的。现存绝大多数物种的个体数量也在不断地减少，据英国生物学家诺尔曼·迈耶斯估计，自20世纪以来，人类大概已毁灭了已存物种的75%。

我国的野生动植物资源十分丰富，在世界上占有重要地位。由于我国独特的地理环境，有大量的特有种类，并保存着许多古老的孑遗动植物属种，如：有活化石之称的大熊猫、白鳍豚、水杉、银杉等。但随着生态环境的不断恶化，野生动植物的栖息环境受到破坏，对动植物的生存造成极大危害，使其种群急剧减少，有的已灭绝，有的正面临灭绝的威胁。

据统计，麋鹿、高鼻羚羊、犀牛、野马、白臀叶猴等珍稀动物已在我国灭绝。高鼻羚羊是20世纪50年代以后在新疆灭绝的。大熊猫、金丝猴、东北虎、华南虎、云豹、丹顶鹤、黄腹角雉、白鳍豚、多种长臂猿等20个珍稀物种分布区域已显著缩小，种群数量骤减，正面临灭绝危害。

我国高等植物中濒危或接近濒危的物种已达4000~5000种，占高等植物总数的15%~20%，高于世界平均水平。有的植物已经灭绝，如：崖柏、雁荡润楠、喜雨草等。一种植物的灭绝将引起10~30种其他生物的丧失。许多曾分布广泛的种类，现在分布区域已明显缩小，且数量锐减。20世纪80年代中期国家公布重点保护植物354种，其中，一级重点保护植物8种、二级重点保护植物159种。据初步统计，公布在名录上的植物已有部分灭绝。

关于生态破坏对微生物造成的危害，在我国尚不十分清楚，但一些野生食用菌和药用菌，由于过度采收造成资源日益枯竭的状况越来越严重。

2. 外来物种大肆入侵

根据世界自然保护联盟（IUCN）的定义，外来物种入侵是指在自然、半自然生态系统或生态环境中，外来物种建立种群并影响和威胁到本地生物多样性的过程。毋庸置疑，正确的外来物种的引进会增加引种地区生物的多样性，也会极大地丰富人们的物质生活；相反，不适当的引种则会使得缺乏自然天敌的外来物种迅速繁殖，并抢夺其他生物的生存空间，进而导致生态失衡及其他本地物种的减少和灭绝，严重危及一国的生态安全。从某种意义上说，外来物种引进的结果具有一定程度的不可预见性。这也使得外来物种入侵的防治工作显得更加复杂和困难。在国际层面上，目前已制定有以《生物多样性公约》为首的防治外来物种入侵等多边环境条约，以及与之相关的卫生、检疫制度或运输的技术指导文件等。

（二）现代林业对保障生物安全的作用

生物多样性包括遗传多样性、物种多样性和生态系统多样性。森林是一个庞大的生

物世界，是数以万计的生物赖以生存的家园。森林中除了各种乔木、灌木、草本植物外，还有苔藓、地衣、蕨类、鸟类、兽类、昆虫等生物及各种微生物。据统计，目前地球上 500 万~5000 万种生物中，有 50%~70%在森林中栖息繁衍，因此，森林生物多样性在地球上占有首要位置。在世界林业发达国家，保持生物多样性成为其林业发展的核心要求和主要标准，比如在美国密西西比河流域，人们对森林的保护意识就是从猫头鹰的锐减而开始警醒的。

1. 森林与保护生物多样性

森林是以树木和其他木本植物为主体的植被类型，是陆地生态系统中最大的亚系统，是陆地生态系统的主体。森林生态系统是指由以乔木为主体的生物群落（包括植物、动物和微生物）及其非生物环境（光、热、水、气、土壤等）综合组成的动态系统，是生物与环境、生物与生物之间进行物质交换、能量流动的景观单位。森林生态系统不仅分布面积广并且类型众多，超过陆地上的任何其他生态系统，它的立体成分体积大、寿命长、层次多，有着巨大的地上和地下空间及长效的持续周期，是陆地生态系统中面积最大、组成最复杂、结构最稳定的生态系统，对其他陆地生态系统有很大的影响和作用。森林不同于其他陆地生态系统，具有面积大、分布广、树形高大、寿命长、结构复杂、物种丰富、稳定性好、生产力高等特点，是维持陆地生态平衡的重要支柱。

森林拥有最丰富的生物种类。有森林存在的地方，一般环境条件不太严酷，水分和温度条件较好，适于多种生物的生长。而林冠层的存在和森林多层性造成在不同的空间形成了多种小环境，为各种需要特殊环境条件的植物创造了生存的条件。丰富的植物资源又为各种动物和微生物提供了食料和栖息繁衍的场所。因此，在森林中有着极其丰富的生物物种资源。森林中除建群树种外，还有大量的植物包括乔木、亚乔木、灌木、藤本、草本、菌类、苔藓、地衣等。森林动物从兽类、鸟类，到两栖类、爬虫、线虫、昆虫，再到微生物等，不仅种类繁多，而且个体数量大，是森林中最活跃的成分。全世界有 500 万~5000 万个物种，而人类迄今从生物学上描述或定义的物种（包括动物、植物、微生物）仅有 140 万~170 万种，其中，半数以上的物种分布在仅占全球陆地面积 7%的热带森林里。例如，我国西双版纳的热带雨林 2500 m^2 内（表现面积）就有高等植物 130 种，而东北平原的羊草草原 1000 m^2（表现面积）只有 10~15 种，可见森林生态系统的物种明显多于草原生态系统。至于农田生态系统，生物种类更是简单且量少。当然，不同的森林生态系统的物种数量也有很大差异，其中，热带森林的物种最为丰富，它是物种形成的中心，为其他地区提供了各种“祖系原种”。

森林组成结构复杂。森林生态系统的植物层次结构比较复杂，一般至少可分为乔木层、亚乔木层、下木层、灌木层、草本层、苔藓地衣层、枯枝落叶层、根系层以及分布于地上部分各个层次的层外植物垂直面和零星斑块、片层等。它们具有不同的耐阴能力和水湿要求，按其生态特点分别分布在相应的林内空间小生境或片层，年龄结构幅度广，季相变化大，因此形成复杂、稳定、壮美的自然景观。乔木层中还可按高度不同划分为若干层次。

森林分布范围广，形体高大，长寿稳定。森林约占陆地面积的29.6%。由落叶或常绿，以及具有耐寒、耐旱、耐盐碱或耐水湿等不同特性的树种形成的各种类型的森林。天然林和人工林，分布在寒带、温带、亚热带、热带的山区、丘陵、平地，甚至沼泽、海涂滩地等地方。森林树种是植物界中最高大的植物，由优势乔木构成的林冠层可达十几米、数十米，甚至上百米。我国西藏波密的丽江云杉高达60~70 m，云南西双版纳的望天树高达70~80 m。北美红杉和巨杉也都是世界上最高大的树种，能够长到100 m以上，而澳大利亚的桉树甚至可高达150 m。树木的根系发达，深根性树种的主根可深入地下数米至十几米。树木的高大形体在竞争光照条件方面明显占据有利地位，而光照条件在植物种间生存竞争中往往起着决定性作用。因此，在水分、温度条件适于森林生长的地方，乔木在与其他植物的竞争过程中常占优势。此外，由于森林生态系统具有高大的林冠层和较深的根系层，因此它们对林内小气候和土壤条件的影响均大于其他生态系统，并且还明显地影响着森林周围地区的小气候和水文情况。树木为多年生植物，寿命较长。有的树种寿命很长，如：我国西藏巨柏其年龄已达2200多年，山西晋祠的周柏和河南嵩山的周柏，据考证已活3000年以上，台湾阿里山的红桧和山东莒县的大银杏也有3000年以上的高龄。北美的红杉寿命更长，已达7800多年。但世界上有记录的寿命最长的树木，要数非洲加纳利群岛上的龙血树，它曾活在世上8000多年。森林树种的长寿性使森林生态系统较为稳定，并对环境产生长期而稳定的影响。

2. 湿地与生物多样性保护

20世纪70年代初期，由加拿大、澳大利亚等36个国家在伊朗小镇拉姆萨尔签署了《关于特别是作为水禽栖息地的国际重要湿地公约》（以下简称《湿地公约》），《湿地公约》把湿地定义为“湿地是指不论其为天然或人工、长久或暂时的沼泽地、泥炭地或水域地带，带有静止或流动的淡水、半咸水或咸水水体，包括低潮时水深不超过6 m的水域”。按照这个定义，湿地包括沼泽、泥炭地、湿草甸、湖泊、河流、滞蓄洪区、河口三角洲、滩涂、水库、池塘、水稻田，以及低潮时水深浅于6 m的海域地带等。目前，全球湿地面积约有570万km^2，约占地球陆地面积的6%。其中，湖泊占2%、泥塘占30%、泥沼占26%、沼泽占20%、洪泛平原约占15%。

湿地覆盖地球表面仅为6%，却为地球上20%已知物种提供了生存环境。湿地复杂多样的植物群落，为野生动物尤其是一些珍稀或濒危野生动物提供了良好的栖息地，是

鸟类、两栖类动物的繁殖、栖息、迁徙、越冬的场所。例如，象征吉祥和长寿的濒危鸟类——丹顶鹤，在从俄罗斯远东迁徙至我国江苏盐城国际重要湿地的2000 km 的途中，要花费约1个月的时间，在沿途25块湿地停歇和觅食，如果这些湿地遭受破坏，将给像丹顶鹤这样迁徙的濒危鸟类带来致命的威胁。湿地水草丛生特殊的自然环境，虽不是哺乳动物种群的理想家园，却能为各种鸟类提供丰富的食物来源和营巢、避敌的良好条件。可以说，保存完好的自然湿地，能使许多野生生物在不受干扰的情况下生存和繁衍，完成其生命周期，由此保存了许多物种的基因特性。

我国是世界上湿地资源丰富的国家之一，湿地资源占世界总量的10%，居世界第四位、亚洲第一位。我国1992年加入《湿地公约》。《湿地公约》划分的40类湿地，我国均有分布，是全球湿地类型最丰富的国家。根据我国湿地资源的现状以及《湿地公约》对湿地的分类系统，我国湿地共分为五大类，即四大类自然湿地和一大类人工湿地。自然湿地包括海滨湿地、河流湿地、湖泊湿地和沼泽湿地，人工湿地包括水稻田、水产池塘、水塘、灌溉地，以及农用洪泛湿地、蓄水区、运河、排水渠、地下输水系统等。我国单块面积大于100 hm^2的湿地总面积为3848万 hm^2（人工湿地只包括库塘湿地）。

三、现代林业与人居生态质量

（一）现代人居生态环境问题

城市化的发展和生活方式的改变在为人们提供各种便利的同时，也给人类健康带来了新的挑战。在中国的许多城市，各种身体疾病和心理疾病，正在成为人类健康的“隐形杀手”。

1. 空气污染

我们周围空气质量与我们的健康和寿命紧密相关。据统计，中国每年空气污染导致1500万人患支气管病，有200万人死于癌症，而重污染地区死于肺癌的人数比空气良好的地区高4.7~8.8倍。

2. 土壤、水污染

现在，许多城市郊区的环境污染已经深入到土壤、地下水，达到了即使控制污染源，短期内也难以修复的程度。

3. 灰色建筑、光污染

夏季阳光强烈照射时，城市里的玻璃幕墙、釉面砖墙、磨光大理石和各种涂层反射线会干扰视线，损害视力。长期生活在这种视觉空间里，人的生理、心理都会受到很大影响。

4. 紫外线、环境污染

强光照在夏季时会对人体有灼伤作用，而且辐射强烈，使周围环境温度增高，影响人们的户外活动。同时城市空气污染物含量高，对人体皮肤也十分有害。

5. 噪声污染

城市现代化工业生产、交通运输、城市建设造成环境噪声的污染也日趋严重，已成城市环境的一大公害。

6. 心理疾病

很多城市的现代化建筑不断增加，人们工作生活节奏不断加快，而自然的东西越来越少，接触自然成为偶尔为之的奢望，这是造成很多人心理疾病的重要因素。

7. 城市灾害

城市建筑集中，人口密集，发生地震、火灾等重大灾害时，把人群快速疏散到安全地带，对于减轻灾害造成的人员伤亡非常重要。

（二）人居森林和湿地的功能

1. 城市森林的功能

发展城市森林、推进身边增绿是建设生态文明城市的必然要求，是实现城市经济社会科学发展的基础保障，是提升城市居民生活品质的有效途径，是建设现代林业的重要内容。国内外经验表明，一个城市只有具备良好的森林生态系统，使森林和城市融为一体，高大乔木绿色葱茏，各类建筑错落有致，自然美和人文美交相辉映，人与自然和谐相处，才能称得上是发达的、文明的现代化城市。当前，我国许多城市，特别是工业城市和生态脆弱地区城市，生态承载力低已经成为制约经济社会科学发展的瓶颈。在城市化进程不断加快、城市生态面临巨大压力的今天，通过大力发展城市森林，为城市经济社会科学发展提供更广阔的空间，显得越来越重要、越来越迫切。近年来，许多国家都在开展“人居森林”和“城市林业”的研究和尝试。事实证明，几乎没有一座清洁优美的城市不是靠森林起家的。比如奥地利首都维也纳，市区内外到处是森林和绿地，因此被誉为茫茫绿海中的“岛屿”。此外，日本的东京、法国的巴黎、英国的伦敦，森林覆盖率均为30%左右。城市森林是城市生态系统中具有自净功能的重要组成部分，在调节生态平衡、改善环境质量及美化景观等方面具有极其重要的作用。下面，我们从生态、经济和社会三个方面阐述城市森林为人类带来的效益。

净化空气，维持碳氧平衡。城市森林对空气的净化作用，主要表现在能杀灭空气中分布的细菌，吸滞烟灰粉尘，稀释、分解、吸收和固定大气中的有毒有害物质，再通过光合作用形成有机物质。绿色植物能扩大空气负氧离子量，城市林带中空气负氧离子的含量是城市房间里的200~400倍。据测定，城市中一般场所的空气负氧离子含量是1000~3000个/cm^3，多的可达10 000~60 000个/cm^3，在广东鼎湖山自然保护区的飞水潭瀑布右侧面3 m的高处，空气负离子含量可高达105 600个/cm^3；而在城市污染较严重的地方，空气负离子的浓度只有40~100个/cm^3，以乔灌草结构的复层林中空气负离子水平最高，空气质量最佳，空气清洁度等级最高，而草坪的各项指标最低，说明高大乔木对提高空气质量起主导作用。城市森林能有效改善市区内的碳氧平衡。植物通过光合作用吸收CO_2，释放O_2，在城市低空范围内从总量上调节和改善城区碳氧平衡状况，缓解或消除局部缺氧，改善局部地区空气质量。

调节和改善城市小气候，增加湿度，减弱噪声。城市近自然森林对整个城市的降水、湿度、气温、气流都有一定的影响，能调节城市小气候。城市地区及其下风侧的年降水总量比农村地区偏高5%~15%，其中雷暴雨增加10%~15%；城市年平均相对湿度都比郊区低5%~10%。林草能缓和阳光的热辐射，使酷热的天气降温、失燥，给人以舒适的感觉。据测定，夏季乔灌草结构的绿地气温比非绿地低4.8℃，空气湿度可以增加10%~20%。林区同期的3种温度的平均值及年较差都低于市区；四季长度比市区的秋、冬季各长1候，夏季短2候。城市森林对近地层大气有补湿功能。林区的年均蒸发量比市区低19%，其中，差值以秋季最大（25%），春季最小（16%）；年均降水量则林区略多4%，又以冬季为最多（10%）。树木增加的空气湿度相当于相同面积水面的10倍。植物通过叶片大量蒸腾水分而消耗城市中的辐射热，并通过树木枝叶形成的浓荫阻挡太阳的直接辐射热和来自路面、墙面和相邻物体的反射热产生降温增湿效益，对缓解城市热岛效应具有重要意义。此外，城市森林可减弱噪声。据测定，绿化林带可以吸收声音的26%，绿化的街道比不绿化的可以降低噪声8~10 dB。日本的调查表明，40 m宽的林带可以减低噪声10~13 dB，高6~7 m的立体绿化带平均能减低噪声10~13 dB。

涵养水源、防风固沙。树木和草地对保持水土有非常显著的功能。据试验，在坡度为30°、降雨强度为200 mm/h的暴雨条件下，当草坪植物的盖度分别为100%、91%、60%和31%时，土壤的侵蚀分别为0、11%、49%和100%。

维护生物物种的多样性。城市森林的建设可以提高初级生产者（树木）的产量，保持食物链的平衡，同时为兽类、昆虫和鸟类提供栖息场所，使城市中的生物种类和数量增加，保持生态系统的平衡，维护和增加生物物种的多样性。

城市森林带来的社会效益。城市森林社会效益是指森林为人类社会提供的除经济效益和生态效益之外的其他一切效益，包括对人类身心健康的促进、对人类社会结构的改进，以及对人类社会精神文明状态的改进。美国一些研究者认为，森林社会效益的构成因素包括：精神和文化价值、游憩、游戏和教育机会，对森林资源的接近程度，国有林经营和决策中公众的参与，人类健康和安全，文化价值等。城市森林的社会效益表现在美化市容，为居民提供游憩场所。以乔木为主的乔灌木结合的“绿道”系统，能够提供良好的遮阴与湿度适中的小环境，减少酷暑下行人曝晒的痛苦。城市森林有助于市民绿色意识的形成。城市森林还具有一定的医疗保健作用。城市森林建设的启动，除了可以提供大量绿化施工岗位外，还可以带动苗木培育、绿化养护等相关产业的发展，为社会提供大量新的就业岗位。

2. 湿地在改善人居方面的功能

湿地与人类的生存、繁衍、发展息息相关，是自然界最富生物多样性的生态系统和人类最主要的生存环境之一，它不仅为人类的生产、生活提供多种资源，而且具有巨大的环境功能和效益，在抵御洪水、调节径流、蓄洪防旱、降解污染、调节气候、控制土壤侵蚀、促淤造陆、美化环境等方面有其他系统不可替代的作用。湿地被誉为“地球之肾”和“生命之源”。由于湿地具有独特的生态环境和经济功能，同森林——“地球之肺”有着同等重要的地位和作用，是国家生态安全的重要组成部分，湿地的保护必然成为全国生态建设的重要任务。湿地的生态服务价值居全球各类生态系统之首，不仅能储藏大量淡水，还具有独一无二的净化水质功能，且其成本极其低廉（人工湿地工程基建费用为传统二级生活性污泥法处理工艺的1/2~1/3），运行成本亦极低，为其他方法的1/6~1/10。因此，湿地对地球生态环境保护及人类和谐持续发展具有极为重要的作用。

大气组分调节功能。湿地内丰富的植物群落能够吸收大量的 CO_2，放出 O_2。湿地中的一些植物还具有吸收空气中有害气体的功能，能有效调节大气组分。但同时也必须注意到，湿地生境也会排放出甲烷、氨气等温室气体。沼泽有很大的生物生产效能，植物在有机质形成过程中，不断吸收 CO_2 和其他气体，特别是一些有害的气体。沼泽地上的 O_2 很少消耗于死亡植物残体的分解。沼泽还能吸收空气中的粉尘及携带的各种菌，从而起到净化空气的作用。另外，沼泽堆积物具有很大的吸附能力，污水或含重金属的工业废水，通过沼泽能吸附金属离子和有害成分。

水分调节功能。湿地在时空上可分配不均的降水，通过湿地的吞吐调节，避免水旱灾害。七里海湿地是天津滨海平原重要的蓄滞洪区，安全蓄洪深度 3.5~4 m。沼泽湿地具有湿润气候、净化环境的功能，是生态系统的重要组成部分。其大部分发育在负地貌类型中，长期积水，生长了茂密的植物，其下根茎交织，残体堆积。据实验研究，每公顷的沼泽在生长季节可蒸发掉 7415 t 水分，可见其调节气候的巨大功能。

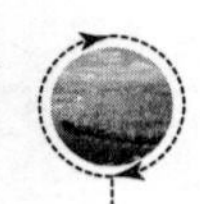

净化功能。一些湿地植物能有效地吸收水中的有毒物质，净化水质，如：氮、磷、钾及其他一些有机物质，通过复杂的物理、化学变化被生物体储存起来，或者通过生物的转移（如：收割植物、捕鱼等）等途径，永久地脱离湿地，参与更大范围的循环。沼泽湿地中有相当一部分的水生植物，包括挺水性、浮水性和沉水性的植物，具有很强的清除毒物的能力，是毒物的克星。正因为如此，人们常常利用湿地植物的这一生态功能来净化污染物中的病毒，有效地清除了污水中的“毒素”，达到净化水质的目的。例如，凤眼莲、香蒲和芦苇等被广泛地用来处理污水，吸收污水中浓度很高的重金属镉、铜、锌等。在印度的卡尔库塔市，城内设有一座污水处理厂，所有生活污水都排入东郊的人工湿地，其污水处理费用相当低，成为世界性的典范。

提供动物栖息地功能。沼泽湿地特殊的自然环境虽有利于一些植物的生长，却不是哺乳动物种群的理想家园，只是鸟类能在这里获得特殊的享受。因为水草丛生的沼泽环境为各种鸟类提供了丰富的食物来源和营巢、避敌的良好条件。

调节城市小气候。湿地水分通过蒸发成为水蒸气，然后又以降水的形式降到周围地区，可以保持当地的湿度和降雨量。

能源与航运。湿地能够提供多种能源，水电在中国电力供应中占有重要地位，水能蕴藏占世界第一位，达6.8亿kW巨大的开发潜力。我国沿海多河口港湾，蕴藏着巨大的潮汐能。从湿地中直接采挖泥炭用于燃烧，湿地中的林草作为薪材，是湿地周边农村中重要的能源来源。另外，湿地有着重要的水运价值，沿海沿江地区经济的快速发展，很大程度上受惠于此。中国约有10万km内河航道，内陆水运承担了大约30%的货运量。

旅游休闲和美学价值。湿地具有自然观光、旅游、娱乐等美学方面的功能，中国有许多重要的旅游风景区都分布在湿地区域。滨海的沙滩、海水是重要的旅游资源，还有不少湖泊因自然景色壮观秀丽而吸引人们向往，辟为旅游和疗养胜地。滇池、太湖、洱海、杭州西湖等都是著名的风景区，除可创造直接的经济效益外，还具有重要的文化价值。尤其是城市中的水体，在美化环境、调节气候、为居民提供休憩空间方面有着重要的社会效益。湿地生态旅游是在观赏生态环境、领略自然风光的同时，以普及生态、生物及环境知识，保护生态系统及生物多样性为目的的新型旅游，是人与自然的和谐共处，是人对大自然的回归。发展生态湿地旅游能提高公共生态保护意识、促进保护区建设，反过来又能向公众提供赏心悦目的景色，实现保护与开发目标的双赢。

教育和科研价值。复杂的湿地生态系统、丰富的动植物群落、珍贵的濒危物种等，在自然科学教育和研究中都有十分重要的作用，它们为教育和科学研究提供了对象、材料和试验基地。一些湿地中保留着过去和现在的生物、地理等方面演化进程的信息，在研究环境演化、古地理方面有着重要价值。

3. 城乡人居森林促进居民健康

科学研究和实践表明，数量充足、配置合理的城乡人居森林可有效促进居民身心健康，并在重大灾害来临时起到保障居民生命安全的重要作用。

清洁空气。有关研究表明，每公顷公园绿地每天能吸收 900 kg 的 CO_2，并生产 600 kg 的 O_2；一棵大树每年可以吸收 500 磅的大气可吸入颗粒物；处于 SO_2 污染区的植物，其体内含硫量可为正常含量的 5~10 倍。

饮食安全。利用树木、森林对城市地域范围内的受污染土地、水体进行修复，是最为有效的土壤清污手段，建设污染隔离带与已污染土壤片林，不仅可以减轻污染源对城市周边环境的污染，也可以使土壤污染物通过植物的富集作用得到清除，恢复土壤的生产与生态功能。

绿色环境。“绿色视率”理论认为，在人的视野中，绿色达到 25%时，就能消除眼睛和心理的疲劳，使人的精神和心理最舒适。林木繁茂的枝叶、庞大的树冠使光照强度大大减弱，减少了强光对人们的不良影响，营造出绿色视觉环境，也会对人的心理产生多种效应，带来许多积极的影响，使人产生满足感、安逸感、活力感和舒适感。

肌肤健康。医学研究证明：森林、树木形成的绿荫能够降低光照强度，并通过有效地截留太阳辐射，改变光质，对人的神经系统有镇静作用，能使人产生舒适和愉快的情绪，防止直射光产生的色素沉着，还可防止荨麻疹、丘疹、水疱等过敏反应。

维持宁静。森林对声波有散射、吸收功能。在公园外侧、道路和工厂区建立缓冲绿带，都有明显减弱或消除噪声的作用。研究表明，密集和较宽的林带（19~30 m）结合松软的土壤表面，可降低噪声 50%以上。

自然疗法。森林中含有高浓度的 O_2、丰富的空气负离子和植物散发的“芬多精”。到树林中去沐浴“森林浴”，置身于充满植物的环境中，可以放松身心，舒缓压力。研究表明，长期生活在城市环境中的人，在森林自然保护区生活一周后，其神经系统、呼吸系统、心血管系统功能都有明显的改善，机体非特异免疫能力有所提高，抗病能力增强。

安全绿洲。城市各种绿地对于减轻地震、火灾等重大灾害造成的人员伤亡非常重要，是“安全绿洲”和临时避难场所。

此外，在家里种养一些绿色植物，可以净化室内受污染的空气。以前，我们只是从观赏和美化的作用来看待家庭种养花卉。现在，科学家通过测试发现，家庭的绿色植物对保护家庭生活环境有重要作用，如：龙舌兰可以吸收室内 70%的苯、50%的甲醛等有毒物质。

我们关注生活、关注健康、关注生命，就要关注我们周边生态环境的改善，关注城市森林建设。遥远的地方有森林，有湿地，有蓝天白云，有瀑布流水，有鸟语花香，但对于我们居住的城市毕竟遥不可及，亲身体验机会不多。城市森林、树木及各种绿色植物对城市污染、对人居环境能够起到不同程度的缓解、改善作用，可以直接为城市所用、为城市居民所用，带给城市居民的是日积月累的好处，与居民的健康息息相关。

第二节　林业与生态物质文明

一、现代林业与经济建设

（一）林业推动生态经济发展的理论基础

1. 自然资本理论

自然资本理论为森林对生态经济发展产生巨大作用提供立论根基。生态经济是对200多年来传统发展方式的变革，它的一个重要前提就是自然资本正在成为人类发展的主要因素，自然资本将越来越受到人类的关注，进而影响经济发展。森林资源作为可再生的资源，是重要的自然生产力，它所提供的各种产品和服务将对经济具有较大的促进作用，同时也将变得越来越稀缺。按照著名经济学家赫尔曼·E·戴利的观点，用来表明经济系统物质规模大小的最好指标是人类占有光合作用产物的比例，森林作为陆地生态系统中重要的光合作用载体，约占全球光合作用的1/3，森林的利用对于经济发展具有重要的作用。

2. 生态经济理论

生态经济理论为林业作用于生态经济提供发展方针。首先，生态经济要求将自然资本的新的稀缺性作为经济过程的内生变量，要求提高自然资本的生产率以实现自然资本的节约，这给林业发展的启示是要大力提高林业本身的效率，包括森林的利用效率。其次，生态经济强调好的发展应该是在一定的物质规模情况下的社会福利的增加，森林的利用规模不是越大越好，而是具有相对的一个度；林业生产的规模也不是越大越好，关键看是不是能很合适地嵌入到经济的大循环中。最后，在生态经济关注物质规模一定的情况下，物质分布需要从占有多的向占有少的流动，以达到社会的和谐，林业生产将平衡整个经济发展中的资源利用。

3. 环境经济理论

环境经济理论提高了在生态经济中发挥林业作用的可操作性。环境经济学强调当人类活动排放的废弃物超过环境容量时，为保证环境质量必须投入大量的物化劳动和活劳动。这部分劳动已越来越成为社会生产中的必要劳动，发挥林业在生态经济中的作用越来越成为一种社会认同的事情，其社会和经济可实践性大大增加。环境经济学理论还认为，为了保障环境资源的永续利用，也必须改变对环境资源无偿使用的状况，对环境资源进行计量，实行有偿使用，使社会不经济性内在化，使经济活动的环境效应能以经济信息的形式反馈到国民经济计划和核算的体系中，保证经济决策既考虑直接的近期效果，又考虑间接的长远效果。环境经济学为林业在生态经济中的作用的发挥提供了方法上的指导，具有较强的实践意义。

4. 循环经济理论

循环经济的"3R"原则为林业发挥作用提供了具体目标。"减量化、再利用和资源化"是循环经济理论的核心原则，具有清晰明了的理论路线，这为林业贯彻生态经济发展方针提供了具体、可行的目标。首先，林业自身是贯彻"3R"原则的主体，林业是传统经济中的重要部门，为国民经济和人民生活提供丰富的木材和非木质林产品，为造纸、建筑和装饰装潢、煤炭、车船制造、化工、食品、医药等行业提供重要的原材料，林业本身要建立循环经济体，贯彻好"3R"原则；其次，林业促进其他产业乃至整个经济系统实现"3R"，森林具有固碳制氧、涵养水源、保持水土、防风固沙等生态功能，为人类的生产生活提供必需的 O_2、吸收 CO_2 净化经济活动中产生的废弃物，在减缓地球温室效应、维护国土生态安全的同时，也为农业、水利、水电、旅游等国民经济部门提供着不可或缺的生态产品和服务，是循环经济发展的重要载体和推动力量，促进了整个生态经济系统实现循环经济。

（二）现代林业促进经济排放减量化

1. 林业自身排放的减量化

林业本身是生态经济体，排放到环境中的废弃物少。以森林资源为经营对象的林业第一产业是典型的生态经济体，木材的采伐剩余物可以留在森林，通过微生物的作用降解为腐殖质，重新参与到生物地球化学循环中。随着生物肥料、生物药剂的使用，初级非木质林产品生产过程中几乎不会产生对环境具有破坏作用的废弃物。林产品加工企业也是减量化排放的实践者，通过技术改革，完全可以实现木竹材的全利用，对林木的全树利用和多功能、多效益的循环高效利用，实现对自然环境排放的最小化。例如，竹材

加工中竹竿可进行拉丝，梢头可以用于编织，竹下端可用于烧炭，实现了全竹利用；林浆纸一体化循环发展模式促使原本分离的林、浆、纸三个环节整合在一起，让造纸业负担起造林业的责任，自己解决木材原料的问题，发展生态造纸，形成以纸养林、以林促纸的生产格局，促进造纸企业永续经营和造纸工业的可持续发展。

2. 林业促进废弃物的减量化

森林吸收其他经济部门排放的废弃物，使生态环境得到保护。发挥森林对水资源的涵养、调节气候等功能，为水电、水利、旅游等事业发展创造条件，实现森林和水资源的高效循环利用，减少和预防自然灾害，加快生态农业、生态旅游等事业的发展。林区功能型生态经济模式有林草模式、林药模式、林牧模式、林菌模式、林禽模式等。森林本身具有生态效益，对其他产业产生的废气、废水、废弃物具有吸附、净化和降解作用，是天然的过滤器和转化器，能将有害气体转化为新的可利用的物质，如：对 SO_2、碳氢化合物、氟化物，可通过林地微生物、树木的吸收，削减其危害程度。

林业促进其他部门减量化排放。森林替代其他材料的使用，减少了资源的消耗和环境的破坏。森林资源是一种可再生的自然资源，可以持续性地提供木材，木材等森林资源的加工利用能耗小，对环境的污染也较轻，是理想的绿色材料。木材具有可再生、可降解、可循环利用、绿色环保的独特优势，与钢材、水泥和塑料并称四大材料，木材的可降解性减少了对环境的破坏。另外，森林是一种十分重要的生物质能源，就其能源当量而言，是仅次于煤、石油、天然气的第四大能源。森林以其占陆地生物物种 50%以上和生物质总量 70%以上的优势而成为各国新能源开发的重点。

森林发挥生态效益，在促进能源节约中发挥着显著作用。森林和湿地由于能够降低城市热岛效应，从而能够减少城市在夏季由于空调而产生的电力消耗。由于城市热岛增温效应加剧城市的酷热程度，致使夏季用于降温的空调消耗电能大大增加。例如，美国 10 万人口以上的城市，气温每增加 10 T（约 5.6℃），能源消耗按价值计算会增加 1%～2%。几乎 3%～8%的电力需求是用于因城市热岛影响而增加的消耗，浓密的树木遮阴能降低夏天空调费用的 7%～40%。据估算，我国森林可以降低夏季能源消耗的 10%～15%、降低冬季取暖能耗 10%～20%，相当于节省了 1.5 亿～3.0 亿 t 煤，约合 750 亿～1500 亿元。

（三）现代林业促进产品的再利用

1. 森林资源的再利用

森林资源本身可以循环利用。森林是物质循环和能量交换系统，可以持续地提供生态服务。森林通过合理地经营，能够源源不断地提供木质和非木质产品。木材采掘业的循环过程为“培育—经营—利用—再培育”，林地资源通过合理的抚育措施，可以保持生产力，经过多个轮伐期后仍然具有较强的地力。关键是确定合理的轮伐期，自法正林理论诞生开始，人类一直在探索循环利用森林，至今我国规定的采伐限额制度也是为了维护森林的可持续利用；在非木质林产品生产上也可以持续产出。森林的旅游效益也可以持续发挥，而且由于森林的林龄增加，旅游价值也持续增加，所蕴含的森林文化也在不断积淀的基础上更新发展，使森林资源成为一个从物质到文化、从生态到经济均可以持续再利用的生态产品。

2. 林产品的再利用

森林资源生产的产品都易于回收和循环利用，大多数的林产品可以持续利用。在现代人类的生产生活中，以森林为主的材料占相当大的比例，主要有原木、锯材、木制品、人造板和家具等以木材为原料的加工品、松香和橡胶及纸浆等林化产品。这些产品在技术可能的情况下都可以实现重复利用，而且重复利用期相对较长，这体现在二手家具市场发展、旧木材的利用、橡胶轮胎的回收利用等。

3. 林业促进其他产品的再利用

森林和湿地促进了其他资源的重复利用。森林具有净化水质的作用，水经过森林的过滤可以再被利用；森林具有净化空气的作用，空气经过净化可以重复变成新鲜空气；森林还具有保持水土的功能，对农田进行有效保护，使农田能够保持生产力；对矿山、河流、道路等也同时存在保护作用，使这些资源能够持续利用。湿地具有强大的降解污染功能，维持着96%的可用淡水资源。以其复杂而微妙的物理、化学和生物方式发挥着自然净化器的作用。湿地对所流入的污染物进行过滤、沉积、分解和吸附，实现污水净化。

二、现代林业与粮食安全

（一）林业保障粮食生产的生态条件

森林是农业的生态屏障，林茂才能粮丰。森林通过调节气候、保持水土、增加生物多样性等生态功能，可有效改善农业生态环境，增强农牧业抵御干旱、风沙、干热风、台风、冰雹、霜冻等自然灾害的能力，促进高产稳产。实践证明，加强农田防护林建设，是改善农业生产条件，保护基本农田，巩固和提高农业综合生产能力的基础。在我国，特别是北方地区，自然灾害严重。建立农田防护林体系，包括林网、经济林、四旁绿化和一定数量的生态片林，能有效地保证农业稳产高产。由于林木根系分布在土壤深层，不与地表的农作物争肥，并为农田防风保湿，调节局部气候，加之林中的枯枝落叶

及林下微生物的理化作用，能改善土壤结构，促进土壤熟化，从而增强土壤自身的增肥功能和农田持续生产的潜力。据实验观测，农田防护林能使粮食平均增产15%～20%。在山地、丘陵的中上部保留发育良好的生态林，对于山下部的农田增产也会起到促进作用。此外，森林对保护草场、保障畜牧业、渔业发展也有积极影响。

相反，森林毁坏会导致沙漠化，恶化人类粮食生产的生态条件。100多年前，恩格斯在《自然辩证法》中深刻地指出："我们不要过分陶醉于我们对自然界的胜利。对于每一次这样的胜利，自然界都报复了我们……美索不达米亚、希腊、小亚细亚以及其他各地的居民为了想得到耕地，把森林都砍完了，但是他们梦想不到，这些地方今天竟因此成为荒芜不毛之地，因为他们使这些地方失去了森林，也失去了积聚和贮存水分的中心。阿尔卑斯山的意大利人，在山南坡砍光了在北坡被十分细心保护的松林。他们没有预料到，这样一来他们把他们区域里的高山畜牧业的基础给摧毁了；他们更没有预料到，他们这样做，竟使山泉在一年中的大部分时间枯竭了，而在雨季又使更加凶猛的洪水倾泻到平原上。"这种因森林破坏而导致粮食安全受到威胁的情况，在中国也一样。由于森林资源的严重破坏，中国西部及黄河中游地区水土流失、洪水、干旱和荒漠化灾害频繁发生，农业发展也受到极大制约。

（二）林业直接提供森林食品和牲畜饲料

林业可以直接生产木本粮油、食用菌等森林食品，还可为畜牧业提供饲料。中国的2.87亿hm^2林地可为粮食安全做出直接贡献。经济林中相当一部分属于木本粮油、森林食品，发展经济林大有可为。经济林是我国五大林种之一，也是经济效益和生态效益结合得最好的林种。《森林法》规定，"经济林是指以生产果品、食用油料、饮料、调料、工业原料和药材等为主要目的的林木"。我国适生的经济林树种繁多，达1000多种，主栽的树种有30多个，每个树种的品种多达几十个甚至上百个。经济林已成为我国农村经济中一项短平快、效益高、潜力大的新型主导产业。我国经济林发展速度迅猛。

第三节　林业与生态精神文明

一、现代林业与生态教育

（一）森林和湿地生态系统的实践教育作用

森林生态系统是陆地上覆盖面积最大、结构最复杂、生物多样性最丰富、功能最强大的自然生态系统，在维护自然生态平衡和国土安全中处于其他任何生态系统都无可替代的主体地位。健康完善的森林生态系统是国家生态安全体系的重要组成部分，也是实现经济与社会可持续发展的物质基础。人类离不开森林，森林本身就是一座内容丰富的知识宝库，是人们充实生态知识、探索动植物王国奥秘、了解人与自然关系的最佳场所。森林文化是人类文明的重要内容，是人类在社会历史过程中用智慧和劳动创造的森林物质财富和精神财富综合的结晶。森林、树木、花草会分泌香气，其景观具有季相变化，还能形成色彩斑斓的奇趣现象，是人们休闲游憩、健身养生、卫生保健、科普教育、文化娱乐的场所，让人们体验“回归自然”的无穷乐趣和美好享受，这就形成了独具特色的森林文化。

湿地是重要的自然资源，具有保持水源、净化水质、蓄洪防旱、调节气候、促游造陆、减少沙尘暴等巨大生态功能，也是生物多样性富集的地区之一，保护了许多珍稀濒危野生动植物物种。湿地不仅仅是我们传统认识上的沼泽、泥炭地、滩涂等，还包括河流、湖泊、水库、稻田，及退潮时水深不超过 6 m 的海域。湿地不仅为人类提供大量食物、原料和水资源，而且在维持生态平衡、保持生物多样性及蓄洪防旱、降解污染等方面起到重要作用。

在开展生态文明观教育的过程中，要以森林、湿地生态系统为教材，把森林、野生动植物、湿地和生物多样性保护作为开展生态文明观教育的重点，通过教育让人们感受到自然的美。自然美作为非人类加工和创造的自然事物之美的总和，给人类提供了美的物质素材。生态美学是一种人与自然和社会达到动态平衡、和谐一致的处于生态审美状态的崭新的生态存在论美学观。这是一种理想的审美的人生，一种“绿色的人生”，是对人类当下“非美的”生存状态的批判和警醒，更是对人类永久发展、世代美好生存的深切关怀，也是对人类得以美好生存的自然家园的重建。生态审美教育对于协调人与自然、社会起着重要的作用。

通过这种实实在在的实地教育，会给受教育者带来完全不同于书本学习的感受，加深其对自然的印象，增进与大自然之间的感情，必然会更有效地促进人与自然和谐相处。森林与湿地系统的教育功能至少能给人们的生态价值观、生态平衡观、自然资源观带来全新的概念和内容。

生态价值观要求人类把生态问题作为一个价值问题来思考，不能仅认为自然界对于人类来说只有资源价值、科研价值和审美价值，而且还有重要的生态价值。所谓生态价值，是指各种自然物在生态系统中都占有一定的“生态位”，对于生态平衡的形成、发展、维护都具有不可替代的功能作用。它是不以人的意志为转移的，不依赖人类的评价，不管人类存在不存在，也不管人类的态度和偏好，它都是存在的。毕竟在人类出现

之前，自然生态就已存在了。生态价值观要求人类承认自然的生态价值、尊重生态规律，不能以追求自己的利益作为唯一的出发点和动力，不能总认为自然资源是无限的、无价的和无主的，可以任意地享用而不对它承担任何责任，而应当视其为人类的最高价值或最重要的价值。人类作为自然生态的管理者，作为自然生态进化的引导者，义不容辞地具有维护、发展、繁荣、更新和美化地球生态系统的责任。它“是从更全面更长远的意义上深化了自然与人关系的理解”。正如马克思曾经说过的，自然环境不再只是人的手段和工具，而是作为人的无机身体成为主体的一部分，成为人的活动的目的性内容本身。应该说，“生态价值”的形成和提出，是人类对自己与自然生态关系认识的一个质的飞跃，是20世纪人类极其重要的思想成果之一。

在生态平衡观看来，包括人在内的动物、植物甚至无机物，都是生态系统里平等的一员，它们各自有着平等的生态地位，每一生态成员各自在质上的优劣、在量上的多寡，都对生态平衡起着不可或缺的作用。今天，虽然人类已经具有了无与伦比的力量优势，但在自然之网中，人与自然的关系不是敌对的征服与被征服的关系，而是互惠互利、共生共荣的友善平等关系。自然界的一切对人类社会生活有益的存在物，如：山川草木、飞禽走兽、大地河流、空气、物蓄矿产等，都是维护人类“生命圈”的朋友。我们应当对中小学生从小就开始培养其具有热爱大自然、以自然为友的生态平衡观，此外也应在最大范围内对全社会进行自然教育，使我国的林业得到更充分的发展与保护。

自然资源观包括永续利用观和资源稀缺观两个方面，充分体现着代内道德和代际道德问题。自然资源的永续利用是当今人类社会很多重大问题的关键所在，对可再生资源，要求人们在开发时，必须使后续时段中资源的数量和质量至少要达到目前的水平，从而理解可再生资源的保护、促进再生、如何充分利用等问题；而对于不可再生资源，永续利用则要求人们在耗尽它们之前，必须能找到替代他们的新资源，否则，我们的子孙后代的发展权利将会就此被剥夺。自然资源稀缺观有四个方面：第一，自然资源自然性稀缺。我国主要资源的人均占有量大大低于世界平均水平。第二，低效率性稀缺。资源使用效率低，浪费现象严重，加剧了资源供给的稀缺性。第三，科技与管理落后性稀缺。科技与管理水平低，导致在资源开发中的巨大浪费。第四，发展性稀缺。我国在经济持续高速发展的同时，也付出了资源的高昂代价，加剧了自然资源紧张、短缺的矛盾。

（二）生态基础知识的宣传教育作用

改善生态环境，促进人与自然的协调与和谐，努力开创生产发展、生活富裕和生态良好的文明发展道路，既是中国实现可持续发展的重大使命，也是新时期林业建设的重大使命。中央林业工作会议明确指出，在可持续发展中要赋予林业以重要地位，在生态建设中要赋予林业以首要地位，在西部大开发中要赋予林业以基础地位。随着国家可持续发展战略和西部大开发战略的实施，我国林业进入了一个可持续发展理论指导的新阶段。凡此种种，无不阐明了现代林业之于和谐社会建设的重要性。有鉴于此，我们必须做好相关生态知识的科普宣传工作，通过各种渠道的宣传教育，增强民族的生态意识，激发人民的生态热情，更好地促进我国生态文明建设的进展。

生态建设、生态安全、生态文明是建设山川秀美的生态文明社会的核心。生态建设是生态安全的基础，生态安全是生态文明的保障，生态文明是生态建设所追求的最终目标。生态建设，即确立以生态建设为主的林业可持续发展道路，在生态优先的前提下，坚持森林可持续经营的理念，充分发挥林业的生态、经济、社会三大效益，正确认识和处理林业与农业、牧业、水利、气象等国民经济相关部门协调发展的关系，正确认识和处理资源保护与发展、培育与利用的关系，实现可再生资源的多目标经营与可持续利用。生态安全是国家安全的重要组成部分，是维系一个国家经济社会可持续发展的基础。生态文明是可持续发展的重要标志。建立生态文明社会，就是要按照以人为本的发展观、不侵害后代人生存发展权的道德观、人与自然和谐相处的价值观，指导林业建设，弘扬森林文化，改善生态环境，实现山川秀美，推进我国物质文明和精神文明建设，使人们在思想观念、科学教育、文学艺术、人文关怀诸方面都产生新的变化，在生产方式、消费方式、生活方式等方面构建生态文明的社会形态。

人类只有一个地球，地球生态系统的承受能力是有限的。人与自然不仅具有斗争性，而且具有同一性，必须树立人与自然和谐相处的观念。我们应该对全社会大力进行生态教育，即要教导全社会尊重与爱护自然，培养公民自觉、自律意识与平等观念，顺应生态规律，倡导可持续发展的生产方式、健康的生活消费方式，建立科学合理的幸福观。幸福的获得离不开良好生态环境，只有在良好生态环境中人们才能生活得幸福，所以要扩大道德的适用范围，把道德诉求扩展至人类与自然生物和自然环境的方方面面，强调生态伦理道德。生态道德教育是提高全民族的生态道德素质、生态道德意识、建设生态文明的精神依托和道德基础。只有大力培养全民族的生态道德意识，使人们对生态环境的保护转为自觉的行动，才能解决生态保护的根本问题，才能为生态文明的发展奠定坚实的基础。在强调可持续发展的今天，对于生态文明教育来说，这个内容是必不可少的。深入推进生态文化体系建设，强化全社会的生态文明观念：一要大力加强宣传教育。深化理论研究，创作一批有影响力的生态文化产品，全面深化对建设生态文明重大意义的认识。要把生态教育作为全民教育、全程教育、终身教育、基础教育的重要内容，尤其要增强领导干部的生态文明观念和未成年人的生态道德教育，使生态文明观深

入人心。二要巩固和拓展生态文化阵地。加强生态文化基础设施建设，充分发挥森林公园、湿地公园、自然保护区、各种纪念林、古树名木在生态文明建设中的传播、教育功能，建设一批生态文明教育示范基地。拓展生态文化传播渠道，推进“国树”“国花”“国鸟”评选工作，大力宣传和评选代表各地特色的树、花、鸟，继续开展“国家森林城市”创建活动。三要发挥示范和引领作用。充分发挥林业在建设生态文明中的先锋和骨干作用。全体林业建设者都要做生态文明建设的引导者、组织者、实践者和推动者，在全社会大力倡导生态价值观、生态道德观、生态责任观、生态消费观和生态政绩观。要通过生态文化体系建设，真正发挥生态文明建设主要承担者的作用，真正为全社会牢固树立生态文明观念做出贡献。

通过生态基础知识的教育，能有效地提高全民的生态意识，激发民众爱林、护林的认同感和积极性，从而为生态文明的建设奠定良好基础。

（三）生态科普教育基地的示范作用

当前，我国公民的生态环境意识还较差，特别是各级领导干部的生态环境意识还比较薄弱，考察领导干部的政绩时还没有把保护生态的业绩放在主要政绩上。

森林公园、自然保护区、城市动物园、野生动物园、植物园、苗圃和湿地公园等是展示生态建设成就的窗口，也是进行生态科普教育的基地，充分发挥这些园区的教育作用，使其成为开展生态实践的大课堂，对于全民生态环境意识的增强、生态文明观的树立具有突出的作用。森林公园中蕴含着生态保护、生态建设、生态哲学、生态伦理、生态宗教文化等各种生态文化要素，是生态文化体系建设中的精髓。森林蕴含着深厚的文化内涵，森林以其独特的形体美、色彩美、音韵美、结构美，对人们的审美意识起到了潜移默化的作用，形成自然美的主体旋律。森林文化通过森林美学、森林旅游文化、园林文化、花文化、竹文化等展示了其丰富多彩的人文内涵，在人们增长知识、陶冶情操、丰富精神生活等方面发挥着难以比拟的作用。

《关于进一步加强森林公园生态文化建设的通知》要求各级林业主管部门充分认识森林公园在生态文化建设中的重要作用和巨大潜力，将生态文化建设作为森林公园建设的一项长期的根本性任务抓紧抓实抓好，使森林公园切实担负起建设生态文化的重任，成为发展生态文化的先锋。各地在森林公园规划过程中，要把生态文化建设作为森林公园总体规划的重要内容，根据森林公园的不同特点，明确生态文化建设的主要方向、建设重点和功能布局。同时，森林公园要加强森林（自然）博物馆、标本馆、游客中心、解说步道等生态文化基础设施建设，进一步完善现有生态文化设施的配套设施，不断强化这些设施的科普教育功能，为人们了解森林、认识生态、探索自然提供良好的场所和条件。充分认识、挖掘森林公园内各类自然文化资源的生态、美学、文化、游憩和教育价值。根据资源特点，深入挖掘森林、花、竹、茶、湿地、野生动物、宗教等文化的发展潜力，并将其建设发展为人们乐于接受且富有教育意义的生态文化产品。森林公园可充分利用自身优势，建设一批高标准的生态科普和生态道德教育基地，使其成为对未成年人进行生态道德教育的最生动的课堂。

经过不懈努力，以生态科普教育基地（森林公园、自然保护区、城市动物园、野生动物园、植物园、苗圃和湿地公园等）为基础的生态文化建设取得了良好的成效。今后，要进一步完善园区内的科普教育设施，扩大科普教育功能，增加生态建设方面的教育内容，从人们的心理和年龄特点出发，坚持寓教于乐，有针对性地精心组织活动项目，积极开展生动鲜活，知识性、趣味性和参与性强的生态科普教育活动，尤其是要吸引参与植树造林、野外考察、观鸟比赛等活动，或在自然保护区、野生动植物园开展以保护野生动植物为主题的生态实践活动。尤其针对中小学生集体参观要减免门票，有条件的生态园区要免费向青少年开放。

通过对全社会开展生态教育，使全体公民对中国的自然环境、气候条件、动植物资源等基本国情有更深入的了解。一方面，可以激发人们对祖国的热爱之情，树立民族自尊心和自豪感，阐述人与自然和谐相处的道理，认识到国家和地区实施可持续发展战略的重大意义，进一步明确保护生态自然、促进人类与自然和谐发展中所担负的责任，使人们在走向自然的同时，更加热爱自然、热爱生活，进一步培养生态保护意识和科技意识；另一方面，通过展示过度开发和人为破坏所造成的生态危机现状，让人们形成资源枯竭的危机意识，看到差距和不利因素，进而会让人们产生保护生物资源的紧迫感和强烈的社会责任感，自觉遵守和维护国家的相关规定，在全社会形成良好的风气，真正地把生态保护工作落到实处，还社会一片绿色。

二、现代林业与生态文化

（一）森林在生态文化中的重要作用

在生态文化建设中，除了价值观起先导作用外，还有一些重要的方面。森林就是这样一个非常重要的方面。人们把未来的文化称为“绿色文化”或“绿色文明”，未来发展要走一条“绿色道路”，这就生动地表明，森林在人类未来文化发展中是十分重要的。大家都知道，森林是把太阳能转变为地球有效能量，以及这种能量流动和物质循环的总

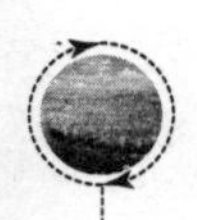

枢纽。地球上人和其他生命都靠植物、主要是森林积累的太阳能生存。地球陆地表面原来70%被森林覆盖，有森林76亿hm^2，这是巨大的生产力。它的存在是人和地球生命的幸运。现在，虽然森林仅存30多亿hm^2，覆盖率不足30%，但它仍然是陆地生态系统最强大的第一物质生产力。在地球生命系统中，森林虽然只占陆地面积的30%，但它占陆地生物净生产量的64%。森林、草原和农田生态系统所固定的太阳能总量，按每年每平方米计算，分别为18.45 kcal、5.4 kcal和2.925 kcal；森林每年固定太阳能总量，是草原的3.5倍、农田的6.3倍；按平均生物量计算，森林是草原的17.3倍、农田的95倍；按总生物量计算，森林是草原的277倍、农田的1200倍。森林是地球生态的调节者，是维护大自然生态平衡的枢纽。地球生态系统的物质循环和能量流动，从森林的光合作用开始，最后复归于森林环境。例如，它被称为“地球之肺”，吸收大气和土壤中的污染物质，是“天然净化器”；每公顷阔叶林每天吸收1000 $kgCO_2$、放出730 kgO_2；全球森林每年吸收4000亿tCO_2、放出4000亿tO_2，是“造氧机”和CO_2“吸附器”，对于地球大气的碳平衡和氧平衡有重大作用；森林又是“天然储水池”，平均33 km^2的森林涵养的水，相当于100万水库库容的水；它对保护土壤、防风固沙、保持水土、调节气候等有重大作用。这些价值没有替代物，它作为地球生命保障系统的最重要方面，与人类生存和发展有极为密切的关系。对于人类文化建设，森林的价值是多方面的、重要的，包括：经济价值、生态价值、科学价值、娱乐价值、美学价值、生物多样性价值。

无论从生态学（生命保障系统）的角度，还是从经济学（国民经济基础）的角度，森林作为地球上人和其他生物的生命线，是人和生命生存不可缺少的，没有任何代替物，具有最高的价值。森林的问题，是关系地球上人和其他生命生存和发展的大问题。在生态文化建设中，我们要热爱森林，重视森林的价值，提高森林在国民经济中的地位，建设森林，保育森林，使中华大地山常绿、水长流，沿着绿色道路走向美好的未来。

（二）现代林业体现生态文化发展内涵

生态文化是探讨和解决人与自然之间复杂关系的文化；是基于生态系统、尊重生态规律的文化；是以实现生态系统的多重价值来满足人的多重需要为目的的文化；是渗透于物质文化、制度文化和精神文化之中，体现人与自然和谐相处的生态价值观的文化。生态文化要以自然价值论为指导，建立起符合生态学原理的价值观念、思维模式、经济法则、生活方式和管理体系，实现人与自然的和谐相处及协同发展。生态文化的核心思想是人与自然和谐。现代林业强调人类与森林的和谐发展，强调以森林的多重价值来满足人类的物质、文化需要。林业的发展充分体现了生态文化发展的内涵和价值体系。

1. 现代林业是传播生态文化和培养生态意识的重要阵地

牢固树立生态文明观是建设生态文明的基本要求。大力弘扬生态文化可以引领全社会普及生态科学知识，认识自然规律，树立人与自然和谐的核心价值观，促进社会生产方式、生活方式和消费模式的根本转变；可以强化政府部门科学决策的行为，使政府的决策有利于促进人与自然的和谐；可以推动科学技术不断创新发展，提高资源利用效率，促进生态环境的根本改善。生态文化是弘扬生态文明的先进文化，是建设生态文明的文化基础。林业为社会所创造的丰富的生态产品、物质产品和文化产品，为全民所共享。大力传播人与自然和谐相处的价值观，为全社会牢固树立生态文明观、推动生态文明建设发挥了重要作用。

通过自然科学与社会人文科学、自然景观与历史人文景观的有机结合，形成了林业所特有的生态文化体系，它以自然博物馆、森林博览园、野生动物园、森林与湿地国家公园、动植物及昆虫标本馆等为载体，以强烈的亲和力，丰富的知识性、趣味性和广泛的参与性为特色，寓教于乐，陶冶情操，形成了自然与人文相互交融、历史与现实相得益彰的文化形式。

2. 现代林业发展繁荣生态文化

林业是生态文化的主要源泉，是繁荣生态文化、弘扬生态文明的重要阵地。建设生态文明要求在全社会牢固树立生态文明观。森林是人类文明的摇篮，孕育了灿烂悠久、丰富多样的生态文化，如：森林文化、花文化、竹文化、茶文化、湿地文化、野生动物文化和生态旅游文化等。这些文化集中反映了人类热爱自然、与自然和谐相处的共同价值观，是弘扬生态文明的先进文化，是建设生态文明的文化基础。大力发展生态文化，可以引领全社会了解生态知识，认识自然规律，树立人与自然和谐的价值观。林业具有突出的文化功能，在推动全社会牢固树立生态文明观念方面发挥着关键作用。

第四节　林业的生态环境建设发展战略

一、林业生态环境建设的发展战略指导

（一）林业生态环境建设发展战略的指导思想

建立以生态环境建设为主体的林业发展战略，总的指导思想可以表述为：适应时代

的要求，以环境与发展为主题，从我国林业的实际出发，以满足社会对林业的多种需求为目的，以可持续发展理论为指导，以全面经营的森林资源为物质基础，以突出生态环境效益，实现生态、经济和社会三大效益的统一和综合发挥为目标，以科教兴林为动力，以建立林业的大经营、大流通、大财经为重点，以分类、分区、分块经营和重点工程建设为途径，以系统协同为关键，确立和实施以生态环境建设为主体的新林业发展战略，实现我国林业的跨越式发展。

1. 适应时代的要求

林业的发展必须跟上时代的步伐，建立新的林业发展战略必须适应当今时代特征的要求。当今时代的主要特征体现在以下方面：

（1）知识经济初露端倪，“新经济”时代已经来临

知识经济是建立在知识生产和消费基础上的经济，是低消耗、高效益的经济，高技术和信息产业将在经济中占主导地位；而“新经济”就是由一系列的新技术革命，特别是信息技术革命所推动的经济增长。以知识经济为基础的新经济，正在改变社会的生产和生活方式，突破了传统体制的束缚，促进着包括林业在内的经济社会的持续、稳定和协调发展。

（2）经济全球化

经济全球化是经济国际化的高级形式，意味着国际上分散的经济活动日益走向一体化。其基本特征就是国际生产和功能一体化，它不仅表现在市场、消费形式和投资上，也表现在对森林与环保的关注上。知识经济（新经济）与经济全球化是相互作用、相互促进的。

（3）市场经济和现代林业

我国已实现了由计划经济体制向社会主义市场经济体制的根本性转变，并还在逐渐完善中；我国林业正在由传统林业向现代林业转变。建立以生态环境建设为主体的新林业发展战略时必须与这些时代特征相适应。

2. 以环境与发展为主题

环境与发展是当今国际社会普遍关注的重大问题。保护生态环境，实现可持续发展已成为全世界紧迫而又艰巨的任务，直接关系到人类的前途和命运。20 世纪 90 年代初期召开的联合国环境与发展大会通过了《里约外境与发展宣言》《21 世纪议程》《关于森林问题的原则声明》等重要文件，并签署了联合国《气候变化框架公约》《生物多样性公约》。这充分体现了当前人类社会可持续发展的新思想，反映了各国关于环境与发展领域合作的共识和郑重承诺。我国据此精神于 90 年代中期率先制定了《中国 21 世纪议程》，并将其作为制订国民经济与社会发展长期计划的指导性文件。

森林是实现环境与发展相统一的关键和纽带，这已成为当今国际社会的普遍共识。林业肩负着优化生态环境与促进经济发展的双重使命，在实现可持续发展中的战略地位显得越来越重要。20 世纪 90 年代中期，国家林业部又率先制订了我国第一个 21 世纪议程专项行动计划——《中国 21 世纪议程林业行动计划》，成为我国林业中长期发展计划的指导性文件。建立以生态环境建设为主体的新林业发展战略，必须紧紧扣住环境与发展这一主题。

3. 以满足社会对林业的多种需求为目的

发展林业的根本目的是满足社会需求。社会对林业的需求是多方面的，不仅有对木材和其他有形林产品的需求，还有对森林生态服务这种无形产品的需求。当前，经济社会发展对生态环境的要求越来越高，对改善生态环境的要求越来越迫切，生态环境需求已成为社会对林业的主导需求。建立新的林业发展战略，必须充分体现满足社会对林业的多种需求的要求，把培育、管护和发展森林资源、维护国土生态安全、保护生物多样性和森林景观、森林文化遗产等生态环境建设任务作为林业的首要工作和优先职责，力争 21 世纪中叶建立起生态优先，协调发挥三大效益的比较完备的林业生态体系和比较发达的林业产业体系。

4. 以可持续发展理论为指导

可持续发展思想是 20 世纪留给我们的最可宝贵的精神财富，它反映了全人类实现可持续发展的共同心愿，推动了可持续发展理论的产生和发展，对经济社会发展具有重大的指导作用。可持续发展理论较之传统经济增长理论有了质的飞跃，它不仅包含了数量的增加，还包含了质量的提高和结构的改善。它不仅在空间地域上考虑了局域利益，还考虑了全域利益；不仅在时间推移上考虑了当代人的利益，还考虑了后代人的利益；不仅考虑了个别部门、行业单位、个别活动的利益，还考虑了所有部门、行业单位、全部活动的利益。它是多维全方位发展和系统场运行理论，不产生系统外部的不经济性与不合理性。在这一理论指导下，林业的可持续发展或可持续林业应该是在对人类有意义的时空活动尺度上不产生外部不经济性、不合理性的林业，是在森林永续利用理论基础上的新发展和质的飞跃。因此，在建立新的林业发展战略时必须承认可持续发展理论的指导地位。

此外，以生态环境建设为主体的新林业发展战略的理论基础是多方面的，是一个庞大的理论体系。新林业发展战略还必须接受社会主义市场经济理论、系统理论、生态经济理论，以及现代林业理论等的指导。生态经济特别是森林生态经济理论，是生态与经济的耦合理论，是以生态利用为中心，综合发挥森林的生态、经济、社会三大效益的理论；现代林业理论是建立在森林生态经济学基础之上的林业发展理论，它是可持续发展

理论在林业发展上的具体化，是在满足人类社会对森林的生态需求基础上，充分发挥森林多种功能的林业发展理论。它们对以生态环境建设为主体的新林业发展战略具有直接而具体的指导作用。

5. 以全面经营的森林资源为物质基础

森林是陆地生态系统的主体，森林资源是陆地森林生态系统内一切被人类所认识并且可供利用的资源总称，它包括森林、散生木（竹）、林地及林区内其他植物、动物、微生物和森林环境等多种资源。森林资源是林业赖以存在和发展的物质基础，林业承担着培育、管护和发展森林资源，保护生物多样性、森林景观、森林文化遗产和提供多种林产品的根本任务，其中第一位的或处于基础地位的是培育、管护和发展森林资源，不完成这一任务，其他任务都无从完成。因此，建立以生态环境建设为主体的新林业发展战略时，必须清楚地认识到森林资源经营的基础地位。

同时，又必须充分地认识到，森林资源是由多种资源构成的综合资源系统，林木资源虽然是其主体资源，但又远不是森林资源的全部，除林木资源以外的其他资源，不仅具有重要价值且大量存在，不予开发利用是一种巨大的浪费，而且它们又是森林生态系统的重要有机组成部分，不管护和经营好这些资源也绝不能真正搞好森林生态环境建设，形成稳定、高效、良性循环的森林生态系统。以往长期搞单一林木资源和单一木材生产的林业带给我们的是资源危机、经济危困、生态恶化，教训是惨痛的，不能不深刻吸取。因此，在建立以生态环境建设为主体的新林业发展战略时又必须清醒地认识到要以全面经营的森林资源为物质基础，绝不能再走单一经营的老路。

6. 以突出生态环境效益，实现生态、经济和社会三大效益的统一和综合发挥为目标

森林具有多种功能，通过维持和不断增强森林的多种功能，林业能够给社会创造生态、经济和社会三大效益，这是国民经济和社会发展的客观需要，也是林业存在和发展的目的所在。林业的生态、经济和社会三大效益构成了一个复杂的系统。一方面，三者并非彼此孤立的，而是相互联系、相互渗透、相互依存的。一片森林同时具备这三种功能，存在三种效益，不可能将它们截然分开。我们只是为了从不同角度去认识其特殊性才将它们加以划分。另一方面，在一定条件下，三者又是有矛盾的。有生命的林木资源及附属的生物资源，不开发（采伐、采集等）利用时，虽然能持续发挥生态效益，但却不能有效地发挥经济效益；如果将其采伐（采集等）利用了，虽然发挥了经济效益，但同时也就削弱甚至丧失了生态效益。若更多地追求保护森林景观、提供就业机会等社会效益，也会对经济效益产生不利影响。因此，三大效益实质上是对立统一的关系。

存在三大效益并不等于就发挥了三大效益，虽然依靠自然力的作用，森林资源可以自发地发挥一定的效益，但更大的人力干预作用，可以自觉保持和不断增强森林发挥三大效益的能力，这也是为什么要有林业生产经营活动的内在理由。人们进行林业建设时，就是要从满足社会对林业的多方面需要出发，更有效地发挥三大效益，并且将三者统一起来，从社会整体利益出发综合发挥好三大效益。要发挥人的聪明才智、知识的力量，充分认识、认真遵从并能动地驾驭和运用自然规律、经济规律和社会规律，从满足社会需要的角度实现人力和自然力的有效结合。一方面，要能将三大效益有效地发挥出来；另一方面，要将矛盾的三大效益统一地发挥出来；再一方面，要将三大效益协调地以合理结构综合发挥出来。

三大效益的统一和综合发挥，并不是三大效益平均地发挥。在三者中，生态效益是第一位的，一是因为生态环境需求已是社会对林业的主导需求，二是因为没有生态效益，其他效益就失去了根基，所以在建立新的林业发展战略时，必须在突出生态环境效益的基础上，实现三大效益的统一和综合发挥。另外，在具体对待上，不同类型又要各有侧重，比如，防护林体系建设、自然保护区建设等公益林建设就要以生态、社会效益为主综合发挥三大效益；商品用材林基地建设就要以经济效益为主综合发挥三大效益，但即便是后者也要贯彻生态优先原则，在不损害生态系统良性循环的前提下追求最大的经济效益。

因此，在建立新的林业发展战略时必须以突出生态环境效益，实现三大效益的统一和综合发挥为目标，否则就会迷失前进的方向。

7. 以科教兴林为动力

科技是第一生产力，科教兴国是我国的一项基本国策。林业新战略的建立和实施必须以科教兴林为动力。同时，我们应该看到，开展科技教育，对实施新的林业发展战略，实现林业跨越式发展具有特殊重要的意义。一是林业当前还处于社会主义初级阶段的较低层次，是我国国民建设的薄弱环节，不靠发展科教来提高林业整体素质，不要说跨越式发展，就是要缩小与先进行业的差距也是十分困难的；二是当前林业的增长方式基本还属于粗放型，集约度低，林业科技贡献率仅为 27.3%，林业从业人员技术和文化素质不高，大专以上文化水平的人员仅占 7%~8%；三是林业的生态建设任务相当繁重，林业的两大体系建设涉及的领域非常宽，林业的三大效益间的关系十分复杂，林区的自然地理和社会经济条件较差，对科技教育的需求，不仅是多方面和多层次的，还是十分强烈和迫切的。必须针对林业特点发展数字林业、计算机技术、信息技术、网络技术、遥感技术、生物工程等高新技术，通过多渠道、多形式、多层次办教育，提高全行业人员素质。

8. 以建立林业的大经营、大流通、大财经为重点

建立以生态环境建设为主体的新林业发展战略，必须打破传统的林业经营、流通和

财经体系，弥补生态产品、生态成本的缺位，把生态优先的原则落到实处。要采取新的大经营、大流通、大财经战略，建立林业的大经营、大流通、大财经体系。具体来讲，一是在生态优先的前提下，统一、综合经营森林的有形物质产品和无形生态产品，统一、综合经营森林多种资源，统一、综合经营森林生态经济社会系统，实行全民、全社会、全方位经营，采取以生态环境建设为主体的林业大经营战略；二是采取以生态环境建设为主体的林业大流通战略，统一、综合组织森林有形物质产品和无形生态产品的流通，实行两大产品、两大市场（有形物质产品市场和无形生态产品市场）和两大循环（资金的市场小循环和社会大循环）的耦合；三是采取与大经营、大流通战略相适应的以生态环境建设为主体的林业大财经战略，建立新的包含林业全要素的系统财经模式，新的林业多资产（林木和其他森林植物、动物、微生物、水、林地、环境等多种资源资产）的综合核算体系和核算方法，建立林业多元投融资（国家、团体、个人、外资）、多重补偿（社会、直接受益者、公众补偿）体系，构建相应的林业财政、税收、保险综合体系。

9. *以分类、分区、分块经营和重点工程建设为途径*

建立以生态环境建设为主体的新林业战略的基本途径应该是从社会对林业的多种需求和林业的特点及特殊规律出发，搞分类、分区、分块经营，抓具有带动作用的林业重点工程建设分类经营，就是瞄准社会不同需求，从森林、林业内在属性的差异性上区分出不同类别，基于不同特点和规律各有侧重、有主有从、有针对性地加以经营；分区经营，是从森林、林业所处空间地域差异性上区分不同区域，基于地域分异规律各有侧重、有主有从、有针对性地加以经营；分块经营，是结合分类经营和分区经营，将全国林业分成几大块，基于各自特点有针对性地、各有侧重地、有效地实行综合经营，以实现分块突破；抓林业重点工程建设，就是根据不同需要，基于林业上述实际，从不同方面，确定一些“航母式”的大型林业重点工程，搞大工程建设，按工程项目管理，充分发挥其带动作用，以大工程带动大发展，使林业以低成本高效率地扩张、实现林业超常规跨越式发展。

10. *以系统协同为关键*

建立以生态环境建设为主体的新林业发展战略的目的是更好地满足社会对林业的多种需求，这就要在优先满足主导需求——生态需求的前提下追求整体效益最佳。各有侧重地进行林业两大体系建设，发挥生态、经济、社会效益，分类、分区、分块经营，抓林业重点工程建设是要使我们的工作更有针对性、更有效，但绝不是各自为政、不顾全局地追求各自的局部利益最佳，而必须是各局部利益服从全局利益，各部分目标服从整体目标。按系统论的观点，整体大于部分之和，各子系统最佳并不等于整个系统最佳，各子系统的目标应服从总体系统目标，实质应该是总体系统目标的合理分解，各子系统必须在追求总体系统目标的实现上协同运作，妥善解决各个局部、各构成部分、各个子系统之间的矛盾。因此，在建立新战略上，系统协同就成了关键问题。协同，同样不能各方面孤立地进行，而必须是全方位、全面、全局地系统协同。具体来说，第一，林业两大体系建设之间要协同，三大效益之间要协同，各类之间要协同，各区之间要协同，各块之间要协同，各重点工程之间要协同；第二，大经营、大流通、大财经之间也要协同；第三，对两大体系建设目标、三大效益的综合发挥、分类经营、分区经营、分块经营、重点工程建设以及三大战略的运作各方面还要整体综合协同。只有进行这样的系统协同，才能真正有效地建立并实施好以生态环境建设为主体的新林业发展战略。

（二）林业生态环境建设发展战略的原则

1. 适应时代要求原则

主要是新经济时代（知识经济、信息经济）要求、经济全球化要求、环境与发展需求、社会主义市场经济要求及现代林业要求。

2. 可持续发展原则

主要是在时间、空间、活动三维上不产生外部不经济性的快速、健康协调发展原则。

3. 生态优先原则

主要体现了“森林是陆地生态系统的主体，林业是生态环境建设的主体，是从事维护国土生态安全，促进经济社会可持续发展，以向社会提供森林生态服务为主的行业，承担着培育、管护和发展森林资源，保护物种多样性、森林景观、森林文化遗产和提供多种林产品的根本任务，肩负着优化生态环境与促进经济发展的双重使命”这一林业新的定位要求。

4. 系统原则

主要是贯彻系统论思想，把林业置于整个国民经济发展和社会进步的大环境中进行考虑，把林业作为一个森林生态经济社会系统进行考虑，把林业行业融入区域经济、社会综合发展中进行考虑，把我国林业建设与经济全球化和人类生存与发展结合起来进行考虑。

5. 从实际出发原则

主要是从两个实际出发：一个是中国的实际，我国是在中国共产党的领导下，实行社会主义市场经济体制的、历史悠久、人口众多的发展中国家，当前正处于社会主义的

初级阶段，一定要体现中国特色；另一个是我国林业的实际，林业是一个具有鲜明特点的、在国民经济和社会可持续发展中占有突出重要的战略地位的弱质行业，我国又是一个森林资源贫乏的国家，我国林业当前处于社会主义初级阶段的较低层次，是国家建设中的一个薄弱环节。

二、林业生态环境建设发展战略的具体实施

（一）林业生态环境建设发展战略实施的过程及要点

1. 林业生态环境建设发展战略实施的过程

（1）林业生态环境建设发展战略的发动

以生态环境建设为主体的大经营、大流通、大财经的三位一体的林业发展战略，体现了全民、全社会、全方位保护、发展、利用森林资源，改善生态环境，促进经济发展的强烈意志和愿望。该战略的实施过程首先是一个全民、全社会的动员过程，是具有中国特色的“群众运动”。要搞好新战略的宣传教育和培训，使全民、全社会对此有充分的认识和理解，帮助他们认清形势，看到传统林业发展的弊病，看到新林业发展战略的美好前景，切实增强实施新林业发展战略的紧迫感和责任感要用林业发展战略的新思想、新观念、新知识，改变传统的思维方式、生产方式、消费方式，克服不利于林业发展战略实施的旧观念、旧思想，从整体上转变全民、全社会的传统观念和行为方式，调动起他们为实现林业发展战略的美好蓝图而努力奋斗的积极性和主动性。搞好发动是林业发展战略实施的首要环节。

（2）林业生态环境建设发展战略的规划

林业生态环境建设发展战略规划是将林业视为一个整体，为实现林业发展战略目标而制订的长期计划，这是林业发展战略实施的重要一环。林业发展战略总体上可以分解成几个相对独立的部分来加以实施，即两大产业体系（林业生态体系和林业产业体系）；两大工程（天然林保护工程、人工林基地建设工程）；三大经营管理体系（大经营、大流通、大财经）；五大区域（林区、农牧区、工矿区、城镇区、荒漠沙区）。每个部分都有各自的战略目标、相应的政策措施、策略及方针等。为了更好地实施新林业发展战略，必须制订战略规划。新林业发展战略的规划是进行战略管理、联系和协调总体战略和分部战略的基本依据；是防止林业生产经营活动发生不确定性事件，把风险减少到最低限度的有效手段；是减少森林资源浪费、提高其综合效益的科学方法；是对新林业发展战略的实施过程进行控制的基本依据。

（3）林业生态环境建设发展战略的落实

林业发展战略落实是该战略制定后的重要工作，离开了战略落实，战略制定只能是“纸上谈兵”，所确定的战略目标根本无法实现，而离开了战略目标，战略落实也会失去方向，陷入盲目性，严重的会影响到林业的可持续发展。林业生态环境建设发展战略的落实应当包括：建立组织机构、建立计划体系、建立控制系统、建立信息系统。

（4）林业生态环境建设发展战略的检查与评估

林业发展战略拟解决战略的系统结构、各子系统战略间的联系与协同，战略目标动态体系或动态战略目标集等关键问题，这些问题是复杂多变的，只有在林业生态环境建设发展战略的实施过程中加强对执行战略过程的控制与评价，才能适应复杂多变的环境，完成各阶段的战略任务。

2. 实施林业生态环境建设发展战略的要点

林业生态环境建设发展战略通过对林业发展战略演变的历史分析，明确调整了战略和确定了新战略的必要性和迫切性。联系中国国情、林情，该战略对于实现国民经济和社会的可持续发展，人口、资源、环境的协调发展及正确确定林业在国民经济中的地位和作用，具有重要的理论意义和现实意义。所以，对林业生态环境建设发展战略实施的要点必须有一个明确的认识。

（1）核心问题是发展林业，关键问题是以生态环境建设为主体

林业生态环境建设发展战略运用邓小平“发展才是硬道理”的理论，把加快林业发展作为战略的核心。如何发展林业，必须根据国情、林情，制订出切实可行、行之有效的方案、步骤和措施，而突出以生态环境建设为主体则是林业发展战略实施的显著特色。

（2）应将人口、资源、环境和社会、经济、科技的发展作为一个统一的整体

中国庞大的人口基数给经济、社会、资源和环境带来了越来越大的压力，这是新林业发展战略实施必须面对的问题。要大力发展教育，提高人口质量，妥善解决好这一问题，使人口压力变为新林业发展战略实施的人力资源优势。新林业发展战略的实施不仅要注意到经济、社会、资源、环境的相互关系与相互影响，还要充分考虑到如何在经济和社会发展过程中利用科技力量很好地解决对资源和环境的影响等问题。

（3）应从立法、机制、教育、科技和公众参与等诸多方面制订系统方案和采取综合措施

加快社会经济领域有关林业的立法，完善森林资源和环境保护的法律体系；加快体制改革，调整政府职能，建立有利于林业发展的综合决策机制、协调管理运行机制和信息反馈机制；优化教育结构，提高教育水平，加大科技投入，推广科研成果，创造条件

鼓励公众参与新林业发展战略的实施，这些都是不容忽视的重大问题。

（二）林业生态环境建设发展战略实施的原则和内容

1. 林业生态环境建设发展战略实施的原则

为了保证林业生态环境建设发展战略目标的顺利实现，在新战略实施过程中，必须遵循以下基本原则：

（1）坚定方向原则

林业生态环境建设发展战略所要实现的战略目标是使我国林业建设以生态环境建设为主体，建立起比较完备的林业生态体系和比较发达的林业产业体系，真正发挥林业在生态环境建设中的主体作用进而有效改善生态环境。这是全局的、长远的发展思路和最终目标，为我国林业发展指明了方向。必须坚定这个方向，增强实施林业战略的信心，不能由于实施过程中局部出现的暂时困难而动摇实施林业生态环境建设发展战略的决心。只要暂时的、局部性的问题还处于允许的范围之内，就应当坚定不移地继续按林业生态环境建设发展战略的既定方针办。

（2）保持弹性原则

林业生态环境建设发展战略的实施涉及全民、全社会，需要长期实施。因此，不但要求新战略的目标具体化，而且必须有严密的战略实施计划和步骤。但是，由于林业生产经营环境多变，影响林业生态环境建设发展战略实施的因素十分复杂，所以实施计划应当是有弹性的，允许有一定的灵活性和调整余地，使周密的实施计划经过必要及时的调整，更加符合林业发展实际，更好地实现林业生态环境建设发展战略的目标。

（3）突出重点原则

林业生态环境建设发展战略的实施事关林业发展全局，它所面临的问题和要解决的事情非常之多，也非常复杂。在新战略实施过程中，如果事无巨细，不分主次，结果往往会事倍功半。只有突出重点，抓住对全局有重大影响的问题和事件，才能取得事半功倍之效果，实现预期的整体战略目标。

（4）经济合理原则

林业生态环境建设发展战略是一项复杂的系统工程，需要投入大量的人力、物力和财力。在保证实现新战略目标的前提下，要节约各项费用开支，降低实施成本，这也是林业生态环境建设发展战略实施过程中应遵循的一个重要原则。

2. 林业生态环境建设发展战略实施的内容

林业生态环境建设发展战略实施的内容包括：建立组织系统、建立计划系统、建立控制系统、建立信息系统四个方面。

（1）建立组织系统

林业生态环境建设发展战略是通过组织来实施的。组织系统是组织意识和组织机制赖以存在的基础。为了实施林业生态环境建设发展战略，必须建立相应的组织系统。建立的基本原则是组织系统要服从新战略，是为新战略服务的，是实施林业生态环境建设发展战略并实现预期目标的组织保证。

建立组织系统要根据林业生态环境建设发展战略实施的需要，选择最佳的组织系统。系统内部层次的划分，各个单位权责的界定、管理的范围等，必须符合林业生态环境建设发展战略的要求。要求各层次、各单位、各类人员之间联系渠道要畅通，信息传递要快捷、有效，整体协调好、综合效率高。

（2）建立计划系统

林业生态环境建设发展战略实施计划是一个系统。系统中各类计划按计划的期限长短可分为长期计划、中期计划和短期计划；按计划的对象可分为单项计划和综合计划；按计划的作用可分为进入计划、撤退计划和应急计划。上述种种计划，在林业生态环境建设发展战略实施中都要有所体现。在建立林业生态环境建设发展战略实施计划系统中，一定要明确战略实施目标、方案，确定各阶段的任务及策略，明确资源分配及资金预算。建立计划系统是一个复杂的过程，只有认真地建好这一系统，才能保证战略的有效实施。

（3）建立控制系统

为了确保林业生态环境建设发展战略的顺利实施，必须对战略实施的全过程进行及时、有效的监控。控制系统的功能就是监督战略实施的进程，将实际成效与预定的目标或标准相比较，找出偏差，分析原因，采取措施。建立控制系统是林业生态环境建设发展战略实施的必然要求。因为在林业生态环境建设发展战略实施过程中，其所受的自然、社会因素影响非常复杂，使战略实施的实际情况与原来的设计与计划存在着种种差异，甚至是很大的差异。如果对这种情况没有进行及时的跟踪监测和评价分析，而是在发现偏差后才采取相应的对策，林业生态环境建设发展战略的实施将会无法保证。

（4）建立信息系统

林业生态环境建设发展战略实施的全过程都离不开信息系统的支持，在林业生态环境建设发展战略实施的每一个环节、每一个行动都必须以信息作为基础；否则就会如同“盲人骑瞎马”一样，无法把握好方向。同时在新战略实施的过程中，每一个方面都会产生出相应的信息，如果不能及时地反馈这些信息，不做出科学的分析和正确的判断，及时采取有效的措施，那么想使战略的实施始终保持最佳的状态是不可能的。

第五章 林业经营与生态工程建设管理

第一节 林业经营管理

一、现代林业经营思想与理论体系

（一）现代林业经营思想

林业经营思想，即林业经营的指导思想，是在一定理论基础上，总结林业实践而形成的对林业的基本认识和全面指导林业发展的总体思路和想法。它决定着林业建设的方针、发展道路和发展战略。

从国外和我国的林业发展看，林业经营思想在不断地变化调整。

1. 我国林业经营思想的变化

总体上说，我国林业经营思想的变化，也体现了世界林业经营思想的变化。但由于我国人口众多，且处于社会主义初级阶段，属于发展中国家，所以林业发展相对落后，林业经营思想也明显体现了我国国情、林情的特点。改革开放以前，我国属于计划经济，遵循的是以木材生产为中心的森林永续经营的林业经营思想。党的十一届三中全会以来，我国林业经营思想发生了明显的变化，森林多效益永续经营思想逐渐成为主导。特别是近十几年来，林业经营思想和理论研究非常活跃，提出或出现了许多各有特点的理论、观点和主张。比较典型的有：经济论、生态论、分工论、协同论、国策论、林业二元结构论、全面经营论、知识密集型林产业理论，以及符合世界潮流的最新发展起来的可持续林业论等。

经济论，即经济林业论，强调的是以经济利用为中心，认为社会主义市场经济体制下就应以经济效益为中心，林业要追求经济效益也必然会追求稳定高效的森林生态系统，良性循环的森林生态系统必将会产生高的经济效益。

生态论，即生态林业论，强调的是以生态利用为中心，把生态效益放在首位，认为追求生态效益必然会产生好的经济效益和社会效益。基本思想是以现代生态学、生态经济学原理为指导，运用系统工程方法及先进科学技术，充分利用当地自然条件和自然资源，通过生态与经济良性循环，在促进森林产品发展的同时，为人类生存和发展创造最佳状态的环境。

分工论，即林业分工论，强调林业经营要有分工，强调木材培育论，认为林业的生态效益和经济效益，局部上是矛盾的，但整体上是统一的。基本思想可概括为“局部上分而治之，整体上合二为一”，具体来说，就是拿出少量的林业用地搞木材培育，集约经营，承担起生产全国所需的大部分木材的任务，从而把其余大部分的森林从沉重的木材生产压力下解脱出来，保持其稳定性，发挥其生态功能，从整体上实现经济效益和生态效益的统一。

协同论，即林业协同论或效益协同论，强调经济与生态协调发展、地域综合效益协调发展，认为分类不是分块，主张大协调小分工，实现区域的综合发展。

林业二元结构论，主张森林的生态效益和经济效益是构成林业的自然基础。应该按森林效益的功能把林业分为公益林业和商业林业，分类管理。

全面经营论，认为首先要保护好现有森林，强化资源管理体系；其次要扩大森林资源，建立森林生态屏障，发展工业人工林；最后要建立资源再生产和资金自我循环的保障体系。

知识密集型林产业理论，认为林业的基本特点是以太阳光为直接能源，林业是巧用以木本植物为主体的生物系统来进行初级生产，靠社会系统来继续进行高效益综合生产的一种产业，一个完整的生产体系；主张把所有的科学技术都用到林业生产上，靠高度的科学技术组织林业生产，在林业生产体系的所有方面形成知识密集型的林业生产体系，以引导林业。

上述的理论、观点和主张，经过较长时间的讨论甚至争论，都有不同程度的修正，取得的共识日渐增多。主要体现在强调以生态经济理论为基础，把生态环境建设摆在突出地位，坚持三大效益的统一和综合，全面实行分类经营，进行林业两大体系建设，乃至当前断然实施天然林保护工程的伟大创举等方面。特别是 20 世纪 90 年代初联合国环境与发展大会后，我国首先承诺并制定了《中国 21 世纪议程》，又率先出台了其中的《林业行动计划》，明确提出了实施林业可持续发展战略，集中体现了“可持续林业”经

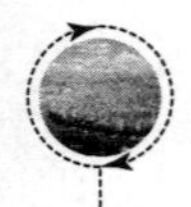

营思想，已被学术界广大学者所接受和赞同。可持续林业，即是在对人类有意义的时空尺度上，不产生空间和时间上外部不经济的林业，或在特定区域内不危害和削弱当代人和后代人对森林生态系统及其产品和服务需求的林业。可持续林业不是对森林永续利用经营思想的否定，而是在其基础上的发展和完善。

2. 现代林业的指导思想

世界林业已进入现代林业阶段，这一阶段的林业生产力水平高，但历史遗留下来的许多问题制约着生产力的发展，因此需要改变传统林业的某些观点，确立现代林业的指导思想。

（1）以森林生态经济系统为对象，力求林业经济系统与森林生态系统协调发展

传统林业以经济系统为对象，以开发森林资源获得木材和林产品产量，增加国民生产值为目标。传统的经济系统考核指标只有产值的增加值而没有产值的负值，认为森林开发过程对生态环境带来的副作用与国民生产值无关，结果导致生产力滞后达几年甚至几十年之久。现代林业则是以生态经济为对象，是在保持良好的生态环境下求得经济增长，这样才能使林业生产力持续稳定发展。

（2）以世人的长时间系统为对象，使人们公平享受自然恩赐

我们这代人是从前人手中继承的森林遗产。今天，我们开发森林是为了满足当代人的需求，而更新森林，则是为了留给后代人享用。由于森林生长具有长期性的特点，一般超越了人的寿命，即使是短生长期的人工用材林、经济林，当代人可以收获自己培育的木材和林产品，但还要有生态效益好的天然林、天然次生林作为这些人工林的生态环境后盾，方能保证该区域的良好生态环境，保持人工林生长及产量。由于我们正处在生产力大发展时期，一般来说，当代人能享有比后代人更多更好的森林资源，这是自然恩赐。但要扩大更新森林，需要滞后几代人才能平等地享受。最明显的，如先发展的工业化国家，享用着廉价的森林资源，加速了该国的经济发展，然而随着资源的减少，人们对资源需求量的增加和林产品价格上涨，后发展的国家就失去了享受廉价资源的机会。这就涉及世代人之间的公平享受自然恩赐的问题。

历史教训使我们认识到现代林业就是要以世代人的长时间系统为对象，处理森林资源的开发、利用和恢复，反省自己对待森林遗产的行为。使人与森林在世代之间和谐发展，以满足现代人、世代人公平享受自然恩泽。

（3）以森林的生产与消费为统一系统，开发利用森林资源

森林资源是有限的、稀缺的自然资源，为了更多更好地满足人们生产、生活的需求，节约利用，即节约消费资源就显得十分重要。随着科技发展，人们已由直接利用原木改变为利用木材的组成，如：木质素、木纤维、生物质，制成人造板、饲料、能源及

其他产品，使树木的干、枝、计、叶等全部利用起来，以充分发挥资源的原材料价值，也就是以同等面积的森林，生产加工出更多的工业产品。这就是借助工业生产（包括生物工程等）扩大对森林资源的利用，节约消费森林资源。从另一角度讲，也是发展了森林资源。现代林业就是把森林资源的消费和森林资源的生产视为统一过程，从生态经济再生产的系统考虑资源的利用和发展。

（4）全面发展森林，维持全球生态平衡

自欧洲工业革命后，各个工业化国家都有机会利用他国丰富的森林资源，发展本国经济。进入20世纪中期，全球森林锐减，尤其是热带地区森林的锐减，导致了全球的生态环境恶化，引起发达国家和发展中国家的普遍重视。发达国家为了本国的环境改善和木材需要，大力发展人工林，同时为了全球生态环境的改善，要求发展中国家，主要是热带地区限制甚至禁止采伐热带雨林和出口木材；发展中国家为了保护本国资源，限制原木出口，同时开发森林，发展本国木材加工业，并且要求发达国家承担对第三世界掠夺森林的历史责任和国际义务。这种开发森林和保护森林，发展人工林和限制森林采伐，发展国际木材贸易和限制热带林木材出口等一国乃至全球行为，都是建立在“我们共同生活在一个地球上”的观点上的。这就是现代林业所要求的应从全球角度看待森林的保护、开发、利用。

（二）现代林业经营的理论体系

1. 森林多功能理论

森林多功能理论，不仅强调林业生产多样性，而且还考虑生物多样性、景观多样性和人文多样性等。

按照多功能理论经营的森林，原则上实行长伐期和择伐作业，人工林宜天然化经营，主要生产优质木材。由于轮伐期长，采伐利用强度低，人工干预时间少，生态系统可以保持长期稳定，从而各种生态功能也较强。

永续多项利用森林经营理论、多资源森林经营理论及多价值森林经营理论等，可以认为均属于多功能经营理论的范畴。

发展中国家，特别是亚洲国家所走的社会林业、农用林业的道路，也可以认为是多功能理论的一种经营形式。其主要思想是：保护和扩大森林资源，提高经营水平，满足国民经济和人民对林产品的需求；保持生态平衡，改善生活环境，发展乡村林业，摆脱贫困，提高人民生活水平。

2. 林业分工理论

20世纪70年代，美国林业经济学家M. 克劳森、R. 塞乔及W. 海蒂等人开始进行

林业分工理论的研究，提出了森林多效益主导利用的经营思想，进而创立了林业分工理论。他们认为，现代集约林业与现代化农业有一定的相似性。如果通过集约林业来生产木材，森林的潜力是相当可观的，即对所有林地不能采取相同的集约经营水平，只能在优质林地上进行集约化经营，并且使优质林地的集约经营趋向单一化，从而导致经营目标的分工。他们还提出了《全国林地多向利用方案》等，奠定了林业分工理论的基础。

20 世纪 80 年代，美国林业分工理论的研究向微观和宏观双方向发展：①微观研究，即通过集约林业——工业人工林的比较经济优势的评估，认为它对世界未来的木材供应、环境改善和自然保护将发挥作用。研究结果表明，人工林的效果和经济效益大多不错，具有经济上的比较优势。通过培育工业人工林提高森林产量，来满足人类对木材的需求，具有良好的前景。②宏观研究，即把世界林业纳入其研究的范围，对全球森林资源的动态演变、时空调整及林产品国际贸易格局的变化等问题，做出具有预见性的回答。

3. 新林业理论

新林业理论是由美国华盛顿大学教授福兰克林于 20 世纪 80 年代中期创立的。它主要以森林生态学和景观生态学的原理为基础，并吸收传统林业中的合理部分，以实现森林的经济价值、生态价值和社会价值相互统一为经营目标，建成不但能永续生产木材及其他林产品，而且也能持久发挥保护生物多样性、改善生态环境等多种生态效益和社会效益的林业。

新林业理论最显著的特点，是把所有森林资源视为一个不可侵害的整体，不但强调木材生产，而且极为重视森林的生态效益和社会效益。因此，在林业生产实践中，主张把生产和保护融为一体，以真正满足社会对森林等林产品的需要和对改善生态环境、保护生物多样性的要求。

新林业理论的主要框架是由林分和景观两个层次组成的。林分层次的经营目标，是保护或再建，不仅能够永续生产各种产品，而且也能够持续发挥多种生态效益的组成、结构和功能多样性的森林。景观层次的经营目标，是要创造森林镶嵌体数量多、分布合理并能永续提供多种林产品和其他各种价值的森林景观。

新林业理论在美国引起了公众甚至国会的极大兴趣，但有一些林学家对其提出异议，认为这种所谓的“整体性林业”是过去多项利用理论的翻版，只不过一个新名词而已，其实施性同样也不大。

4. 生态林业理论

生态林业理论，是我国林业经济学家张新中教授等人最早提出的，其理论基础是生态平衡。强调发挥森林作为陆地生态系统的主体所具有的空间、时间、种群、生产和演替等优势，使生物种群配合和食物链多次循环利用所形成的结构生产力达到最大、经济效益最高，又能净化美化环境的一整套生物技术体系，形成综合效益的新型体系的产业。其实质是从生产角度强调森林资源与环境的永续利用原则，摒弃单纯追求木材生产，不考虑甚至破坏生态环境的错误做法。正确处理木材生产与生态利用的关系，把维护森林的生态功能放在首位，这应该是建立新的林业发展格局的指导原则。具体来说，就是以生态学和生态经济学为理论指导，运用系统工程的方法，以科学技术为手段，按自然区域，通过调查研究，全面区划、规划，建立以多年生木本植物为主体的复合生态经济型的林业生产模式，充分发挥生态、经济和社会效益，以达到改善生态环境，促进国民经济和社会持续发展的目的。

5. 近自然林业经营理论

近自然林业，也称为适应自然的林业和接近自然的林业。这类林业经营的理论最早出现于德国，是由于德国200年前的造林活动，改变了原始林的生态和景观结构，导致大面积人工同龄林灾害频繁而引发的理论。

这类林业经营理论的基本出发点，是把森林生态系统的生长发育看作是一个自然过程，认为稳定原始森林结构状态的存在是合理的。它不仅可以充分发挥和利用林地的自然生产力，而且还可以抵御自然灾害，减少损失。因此，人类对森林的干预不能违背其自身的发展规律，只能采取诱导方式，提高森林生态系统的稳定性，逐渐使其向天然原始林的方向过渡。

以此为依据，德国把森林按立地类型进行分类，并在每个立地类型中选择出“最接近自然”的林分作为经营样板，规定其他林分应向着“样板林”的方向进行诱导经营。而奥地利则提出“未来森林属于混交林”的口号，把现有的人工纯林向异龄混交林的方向进行改造。

6. 社会林业理论

社会林业理论，是发展中国家提出的，最早从印度兴起。强调以乡村发展为目的的植树造林运动，由当地人民广泛参与，并从中直接受益，进而改变乡村贫困，减轻毁林压力，稳定生态环境。社会林业是人类利用森林具有特殊的多功能、多效益的一种社会组织形式，是人类为了纠正农业发展过程和工业化过程中片面追求过伐森林收获木材的效益而引起的生态、社会问题，适应社会发展的特点和文化背景而产生的一种社会协调组织形式。因此，它是历史的产物，是在一定的社会生态环境下的产物，其目的在于通过一定的社会组织形式，协调社会中人与自然环境、生产与自然环境的关系，借以保障人的生存环境和工农业生产环境的质量，维持有利于生存和有利于生产的状态。社会林业因国家的农业现代化和工业化进程、人口、问题、生态环境等不同而有明显的差异。

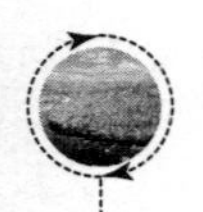

在发展中国家，农业还没有现代化，工业化过程起步较晚，社会林业对改善乡村经济与生态环境是一种成功的组织协调形式；工业化和后工业化的经济发达国家的社会林业，则对改善城市环境和本国国土整治是一种重要的组织协调形式。社会林业既是历史的产物，也随着社会生态系统变化而产生和发展。我们的研究着重于在特定的社会经济、生态环境下的社会林业。社会林业是以社会生态系统动态平衡原理及发展经济学原理为指导思想，以人—森林与环境—社会经济为对象。当今出现的由于社会生态系统中熵值增大而导致的无秩序化，唤起了人类为建立人的生态环境和工农业生产与自然环境协调的秩序而进行的改革，这并非谋求让森林回复到原始平衡状态，而是寻求在混沌中的有序化进程，建立社会生态系统的新的平衡。这正是发展社会林业的目的，也正是社会林业被称为现代林业的一种社会组织协调形式之所在。

7. 混农林业理论

混农林业也称农用林业、农林业、立体林业。混农林业理论是我国林业经营的一种模式，强调在同一片土地上，把农、林、畜牧业有机结合，建立起一种综合持久的利用土地的管理体系。即在造林初期，林业和粮食或其他间作，可以充分利用空间，达到长短结合，起到以耕代抚的作用；农用林业可以实现多层次的复合经营体系，其经济效益比单一的种植业高。

8. 现代林业理论——可持续发展林业理论

现代林业是用现代技术装备武装、运用现代工艺方法生产，以及用现代科学管理方法经营管理并可持续发展的林业。该理论认为现代林业是历史发展到今天的产物，是现代科学知识和经济社会发展的必然结果。倡导通过宣传，提高认识，规范人们的行为，使之法制化，同时透过新技术的采用和科学的管理方法，不断提高经营森林和扩大森林效益的能力，使林业走上可持续发展的道路。

9. 可持续发展理论

20 世纪 80 年代中后期，以挪威首相布托特兰夫人为首的“世界环境与发展委员会”（WCED）发表了《我们共同的未来》，其中广泛采用“可持续发展”的概念，使可持续发展形成了一个思想体系。在《我们共同的未来》一书中，可持续发展被定义为：既满足当代人的需求，又不损害子孙后代满足其需求能力的发展。这一定义为国际社会所普遍接受。可持续发展可以说是不造成破坏的发展，不产生负面影响的发展，也就是不仅当代人应该生存、发展，而且后代人也能更好地生存、发展。可持续发展强烈地追求公平性，这其中包括两层意思：一是当代人的公平，即满足全体人民的基本需求并给予机会满足其要求较好生活的愿望；二是代际间的公平，即当代人不能为自身的发展与需求而损害人类世世代代满足需求的条件，要给子孙后代以公平利用自然资源和环境能力的权利。

中国是世界上宣布实施可持续发展战略最早的国家之一。中国政府在联合国环境与发展大会上宣布："经济发展必须与生态环境相协调，各国的经济发展不能脱离生态环境的承受能力，应该实行保护生态系统良性循环的发展战略，实现经济建设与环境保护协调发展。"

林业可持续发展是中国可持续发展总体规划中的重要组成部分，其宗旨是既要满足当代人对森林资源及其他林副产品的需求，又不损害子孙后代满足其需求能力的发展，即要保持森林资源的永续利用和良好的生态环境。

二、林业经营形式

（一）家庭林场经营

家庭林场经营是在农村联产承包经营的基础上形成的一种经营形式。这种经营形式是以农村家庭或个人为单位，以农民的自留山或承包、承租集体山林或他人的山地为基础开展林业经营，主要有林业专业户经营和家庭林场经营两种。它是我国南方集体林区林业经营的普遍形式，是林业商品经济发展过程中的产物。家庭林场经营具有独自的特点：一是有一定的经营规模；二是有明确的培育目的；三是林业商品率有一定的比重；四是有一定的科学经营基础。但是这种经营形式因受本身经济条件的制约，其发展受到限制。

（二）林场（圃）经营

林场（圃）经营包括集体林场（圃）和国有林场（圃）经营。这种经营方式是指政府指定或划定一定面积的山场、林地进行林业经营，是一种企业化的经营形式。林场（圃）作为一个林业企业，有一定的企业经营管理组织和企业经营管理的权限，林场（圃）实行场长负责制，场长对林场（圃）的经营活动全面负责。林场（圃）经营形式是目前我国林业经营的主要形式之一。

（三）林业折股经营

林业折股经营是随着家庭联产承包责任制应运而生的。折股经营的核心是将集体的山林折价作股按股分配给个人，分股不分山、分利不分林，农民持有的股票只是作为对

集体山林占有权的证明，农民根据占有股票的多少享有收益的分配权并参加对集体山林的管理。林业折股经营最早出现在福建省三明地区，该区首先实行“折股经营”“分股不分山”“分利不分林”的经营形式，按照因地制宜、实事求是、林农自愿的原则进行。20世纪80年代中期，我国普遍成立了实施上述经营形式的村林业股东会，逐步理顺了股东会与村委会间的关系，使股东会成为自主经营、独立核算、自负盈亏的经营实体。这就是所谓的“三明模式”。

（四）林业合作经营

林业合作经营是以森林资源生产经营活动为主的多种所有制合作经营的一种形式，是以林地、森林资源、资本、技术、劳力等各种生产要素组建成的联营实体。其合作的原则是资源互用、山林不变、收益分成和管理专业。合作经营，在责权明确的基础上可以广泛吸纳社会要素进行林业生产，这就在很大程度上缓解了林业生产投入不足和技术薄弱等矛盾，同时，还可以使森林资源的培育同利用更紧密地结合起来，提高林业经营的效益。林业合作经营在发展中积累了很多的经验，根据不同的合作特点形成了很多合作的具体形式。其中，国社合作造林和联合承包造林就是两种最普遍的形式。国社合作造林是指国有林场或国有林业企业同集体乡村林场联合经营，主要针对一些大面积集中连片的宜林荒山，或是交通沿线人口密集少林缺柴，林业收入少，集中开发需要大量资金，乡村本身力量远远不足，国有林业单位又暂时无力经营，长期得不到开发利用的地区。联合体承包经营主要是联产承包荒山造林或现有林管护，通过集资集劳等方式，订立承包合同，收益按比例分成。林业合作经营有三个好处：一是国家、集体、群众三者相结合，有利于短期内集中连片建立林业基地；二是资本、技术和经营管理相结合，有利于保证造林质量和效益；三是合作各方互利互惠，有利于长期经营。

（五）林业企业集团化经营

林业企业集团是指由两个以上林业企业，通过联合、收购、兼并等形式组织起来的集团化经营形式。这种经营形式是社会主义市场经济发展的产物。在市场经济条件下，企业为了回避风险，降低成本，互相之间通过联合协议或购并方案，组成林、工、商或产、供、销一体化的联合体，即通常所称的“航空母舰”。目的是节约资源，便于进行集约化经营，更好地参与市场竞争。当然有些企业集团是通过政府行为组建的，如东北国有林区组建的森工企业集团。林业企业集团化经营有利于集团内部资源的重新配置与组合，充分利用集团内部的人、财、物等生产要素，避免重复生产，减少浪费；可以统一组织生产经营活动。在市场经济条件下，这种经营形式有较强的生存和发展能力。

（六）股份制林业企业经营

股份制林业企业是指将林业企业所拥有的或股东投资的资产划分为若干等额的股份，按照《公司法》的要求组建起来的企业组织经营形式。股东是资产的所有者。通常有国家股、法人股和个人股，分别代表国有资产、法人资产和投资者个人资产。股东根据其持有股票的多少而享有参与管理决策、资产受益等权利。股份制林业企业设有股东会、董事会和管理机构。股东会是企业的最高权力机构；董事会是受股东会委托管理企业的机构；而一般管理机构如总经理等是由董事会聘任的。因此，企业的管理者（如总经理）必须对董事会负责，而董事会必须对股东会负责。股份制林业企业一般采用公司制即股份有限公司，这种组织经营形式是现代企业制度的主要形式，是市场经济条件下的产物。这种形式，有利于明晰产权，明确责任，政企分开；有利于建立科学的管理机制和激励约束机制。目前，我国林业企业股份改造正在加紧进行。

三、林业持续发展的原则

（一）保护效益原则

基于地球生态环境继续恶化，地方、国家和全球都应认识各种森林在维持生态平衡中的重要作用，特别是在保护脆弱的生态系统、水域和淡水资源方面的作用。而要使森林持续生存与发展，必须首先保护森林内部的生态关系，即森林生态系统的保护，力求达到对复杂生物量结构的最大持续，同时要对工业“三废”进行统一治理，把大气污染降到森林能承受的程度，否则森林和林业都不复存在。

在保护森林内部生态关系方面，各国都十分关注热带雨林的锐减，因为它导致了物种严重减少，环境不断恶化，况且那里又多数为发展中国家，以砍伐森林出口木材为主要经济收入来源。为此，国际组织决定要求消费国家（即木材进口国）援助这些国家，以减少砍伐；并规定必须打印有符合采伐规定的标志的木材才允许进入国际木材市场。也就是把保护热带雨林看成是全球的事情，对其开发实行国际监督。各国都很注意保护本国森林，特别是原始森林，采取了限额采伐、限制出口原木等一系列措施，目的都是为了保护本地区森林生态系统。

只有遵循保护效益原则，森林方可持续发展，社会才能可持续发展。

（二）顺应自然原则

这是实现林业与森林生态保护的兼容，是在确保森林结构关系自我保存能力的前提

下遵循自然条件的林业活动。有人解释为它既是顺应自然的，又是在森林生态结构体系所允许的情况下偏离自然的。根据这一原则，德国提出了林业的新方针：林业通过顺应自然向生态目标转变，要求加强森林的稳定性、自然多样性，要求为森林多种用途的利用保持自然力，要求促进原料的经济利用。具体实施为：第一，划定自然保护区，包括几乎绝迹的原生天然林地。第二，人工林天然化，有的是故意放弃经营的人工林，以便使它们进入自然演替状态；有的是人工林天然更新，实行生态基础上的造林。用“目标树定向培育理论”代替适于人工林的法正林理论。德国为了“近自然林”的推行，提出了森林的质量指标——森林群落生境覆盖率和群落生境值，填补了长期以来只有覆盖率一个指标评价的缺陷。

（三）公益性原则

在当今的经济体制下，传统的市场经济与林业公益性原则相悖，正如有人说此乃市场失灵，需要研究确立新的适应生态社会的市场经济体制，包括以下几个方面：第一，森林已成为社会生活不可缺的公共设施，它的生态、社会效益外溢，很难得到回报，而同时森林还要忍受着工业和社会生活污染对其损害却无补偿，因此林业不应独自承担经营的经济责任；第二，森林作为自然资源是有限的，且受生态规律和保护性原则的制约，林业的经济地位比其他任何行业都薄弱，即使有短周期的经济林的经济效益比较好，但经济林在整个森林中占极小的比重；第三，森林作为林业的主产品不能进入市场，或不能完全进入市场，林业不走纯市场经济之路。德国有人提出应把森林作为林业的“生态产品”“道德产品”和“精神产品”凌驾于木材产品之上，这种为公众享用的产品不可能进入市场流通；第四，在国际贸易中把森林的可否持续发展视为全球的事，在国际林产品交易中同样要遵循公益性原则。《关于森林问题的原则声明》指出：“将环境成本和效益纳入市场力量和机制内，以便实现森林保存和可持续开发，是在国内和国际均应予以鼓励的工作。”

遵循公益性原则，可以动员全社会保护森林资源，使森林持续发展，也正是在这一点上需要国家的宏观调控。

（四）节约利用原则

森林资源的开发利用直接关系到森林生态经济是否能持续发展的问题。处于薪炭利用为主、原木利用为主的不发达国家，直接消费森林初级产品，对资源利用不充分，浪费极大；而工业发达国家，森林初级产品经加工利用成为各种人造板，生产规模大，需要大量进口他国的廉价木材，资源消耗量极大，其中也包含着极大的浪费。由于森林资源锐减，迫使各国限额采伐，限制木材出口，节约利用资源。发展中国家纷纷采取节柴和柴替代措施，减少资源的直接消费；发达国家压缩初加工产品（锯材，还有胶合板）比重，扩大和增加纸、纸板和非单板型人造板生产；在各种非单板型人造板中优先发展新三板，即定向刨花板、华夫板和中密度纤维板；发展可重复加工产品，如纸浆和纸制品，大大提高资源利用率。与此同时，在加工业发展中还要节约能源及其他资源，减少污染对环境的压力，促进物质再循环。

节约利用原则，要求减少资源消耗，增加资源循环利用次数，从而提高资源利用率，同时还可减少排污，我们称这种工业为低熵工业或“绿色工业”。遵循节约利用原则，可促进林业持续发展。

第二节　林业生态工程的建设方法

一、要以和谐的理念来开展现代林业生态工程建设

（一）如何构建和谐林业生态工程项目

构建和谐项目一定要做好五个结合：一是在指导思想上，项目建设要和林业建设、经济建设的具体实践结合起来。如果我们的项目不跟当地的生态建设、当地的经济发展结合起来，就没有生命力；不但没有生命力，而且在未来还可能会成为包袱。二是在内容上要与林业、生态的自然规律和市场经济规律结合起来，才能有效地发挥项目的作用。三是在项目的管理上要按照生态优先，生态、经济兼顾的原则，与以人为本的工作方式结合起来。四是在经营措施上，主要目的树种、优势树种要与生物多样件、健康森林、稳定群落等有机地结合起来。五是在项目建设环境上要与当地的经济发展，特别是解决“三农”问题结合起来。这样我们的项目就能成为一个和谐项目，就有生命力。

构建和谐项目，要在具体工作上一项一项地抓落实。一要检查林业外资项目的机制和体制是不是和谐；二要完善安定有序、民主法治的机制，如：林地所有权、经营权、使用权和产权证的发放；三要检查项目设计、施工是否符合自然规律；四要促进项目与社会主义市场经济规律相适应；五要建设整个项目的和谐生态体系；六要推动项目与当地的“三农”问题、社会经济的和谐发展；七要检验项目所定的支付、配套与所定的产出是不是和谐。总之，要及时检查项目措施是否符合已确定的逻辑框架和目标，要看项

目林分之间、林分和经营（承包）者、经营（承包）者和当地的乡村组及利益人是不是和谐了。如果这些都能够做到的话，那么我们的林业外资项目就是和谐项目，就能成为各类林业建设项目的典范。

（二）努力从传统造林绿化理念向现代森林培育理念转变

传统的造林绿化理念是尽快消灭荒山或追求单一的木材、经济产品的生产，容易造成生态系统不稳定、森林质量不高、生产力低下等问题，难以做到人与自然的和谐。现代林业要求引入现代森林培育理念，在森林资源培育的全过程中始终贯彻可持续经营理论，从造林规划设计、种苗培育、树种选择、结构配置、造林施工、幼林抚育规划等森林植被恢复各环节采取有效措施，在森林经营方案编制、成林抚育、森林利用、迹地更新等森林经营各环节采取科学措施，确保恢复、培育的森林能够可持续保护森林生物多样性，充分发挥林地生产力，实现森林可持续经营和林业可持续发展，实现人与自然的和谐。

在现阶段，林业工作者要实现营造林思想的“三个转变”：首先要实现理念的转变，即从传统的造林绿化理念向现代森林培育理念转变；其次要从原先单一的造林技术向现在符合自然规律和经济规律的先进技术转变；最后要从只重视造林忽视经营向造林经营并举，全面提高经营水平转变。“三分造，七分管”说的就是重视经营，只有这样，才能保护生物多样性，发挥林地生产力，最终实现森林可持续经营。要牢固树立“三大理念”，即健康森林理念、可持续经营理念、循环经济理念。

科学开展森林经营，必须在营林机制、体制上加大改革力度，在政策上给予大力的引导和扶持，在科技上强化支撑的力度。在具体实施过程中，我们可借鉴中德财政合作安徽营造林项目森林经营的经验，抓好“五个落实”：一是森林经营规划和施工设计的落实，各个森林经营小班都要有经过县办审批的森林经营规划和施工设计；二是施工质量的落实，严格按照设计施工，实行“目标径级法”（即树木达到设定的径级才可采伐，不一定非采伐不可）进行人工林采伐和经营管理、“目的树种优株培育法”（即只砍除影响目的树种优株生长的竞争木，而保留非竞争木、灌木层和下层植被）进行天然林抚育间伐；三是技术服务的落实，乡镇林业站要为林农做好技术服务，确保操作指南落到实处；四是检查验收的落实，在施工中和施工后都要有技术人员进行严格的检查验收，省项目监测中心要把好最终验收关；五是抚育间伐限额的落实，要实行间伐材总量控制，限额单列，并对所确定的抚育间伐单位的采伐限额进行监控，使其真正落实到抚育间伐山场。

森林经营范围非常广，不仅仅是抚育间伐，而应包括森林生态系统群落的稳定性、种间矛盾的协调、生长量的提高等。例如，安徽省森林经营最薄弱的环节是通过封山而生长起来的大面积的天然次生林，特别是其中的针叶林，要尽快采取人为措施，在林中补植、补播一部分阔叶树，改良土壤，平衡种间和种内矛盾，提高林分生长量。

二、现代林业生态工程建设要与社区发展相协调

现代林业生态工程与社会经济发展是当今世界现代林业生态工程领域的一个热点，是世界生态环境保护和可持续发展主题在现代林业生态工程领域的具体化。下面，通过对现代林业生态工程与社区发展之间存在的矛盾、保护与发展的关系进行概括介绍，揭示其在未来的发展中应注意的问题。

（一）现代林业生态工程与社区发展之间的矛盾

我国是一个发展中的人口大国，社会经济发展对资源和环境的压力正变得越来越大。如何解决好发展与保护的关系，实现资源和环境可持续利用基础上的可持续发展，将是我国在今后所面临的一个世纪性的挑战。

在现实国情条件下，现代林业生态工程必须在发展和保护相协调的范围内寻找存在和发展的空间。在我国，以往在林业生态工程建设中采取的主要措施是应用政策和法律的手段，并通过保护机构，如各级林业主管部门进行强制性保护。不可否认，这种保护模式对现有的生态工程建设区域内的生态环境起到了积极的作用，也是今后应长期采用的一种保护模式。但通过上述保护机构进行强制性保护存在两个较大的问题。一是成本较高。对建设区域国家每年要投入大量的资金，日常的运行和管理费用也需要大量的资金注入。在经济发展水平还较低的情况下，全面实施国家工程管理将受到经济的制约。在这种情况下，应更多地调动社会的力量，特别是广大农村乡镇所在社区对林业的积极参与，只有这样才能使林业生态工程成为一种社会行为，并取得广泛和长期的效果。二是通过行政管理的方式实施林业项目可能会使所在区域与社区发展的矛盾激化，林业工程实施将项目所在的社区作为主要干扰和破坏因素，而社区也视工程为阻碍社区经济发展的主要制约因素，矛盾的焦点就是自然资源的保护与利用。可以说，现代林业生态工程是为了国家乃至人类长远利益的伟大事业，是无可非议的，而社区发展也是社区的正当权利，是无可指责的，但目前的工程管理模式无法协调解决这个保护与发展的基本矛盾。因此，采取有效措施促进社区的可持续发展，对现代林业生态工程的积极参与，并使之受益于保护的成果，使现代林业生态工程与社区发展相互协调将是今后我国现代林业生态工程的主要发展方向，它也是将现代林业生态工程的长期利益与短期利益、局部

利益与整体利益有机地结合在一起的最好形式，是现代林业生态工程可持续发展的具体体现。

（二）现代林业生态工程与社区发展的关系

如何协调经济发展与现代林业生态工程的关系已成为可持续发展主题的重要组成部分。社会经济发展与现代林业生态工程之间的矛盾是一个世界性的问题，在我国也不例外，在一些偏远农村这个矛盾表现得尤为突出。这些地方自然资源丰富，但却没有得到合理利用，或利用方式违背自然规律，造成贫穷的原因并没有得到根本的改变。在面临发展危机和财力有限的情况下，大多数地方政府虽然对林业生态工程有一定的认识和各种承诺，但实际投入却很少，这也是造成一些地区生态环境不断退化和资源遭到破坏的一个主要原因，而且这种趋势由于地方经济发展的利益驱动有进一步加剧的可能。从根本上说，保护与发展的矛盾主要体现在经济利益上，因此，分析发展与保护的关系也应主要从经济的角度进行。

从一般意义上说，林业生态工程是一种公益性的社会活动，为了自身的生存和发展，我们对林业生态工程将给予越来越高的重视。但对于工程区的农民来说，他们为了生存和发展则更重视直接利益。如果不能从中得到一定的收益，他们在自然资源使用及土地使用决策时，对林业生态工程就不会表现出多大的兴趣。事实也正是如此，当地社区在林业生态工程和自然资源持续利用中得到的现实利益往往很少，潜在和长期的效益一般需要较长时间才能被当地人所认识。与此相反，林业生态工程给当地农民带来的发展制约却是十分明显的，特别是在短期内，农民承担着林业生态工程造成的许多不利影响，如：资源使用和环境限制，以及退出耕地造林收入减少等，所以他们知道林业生态工程虽是为了整个人类的生存和发展，但在短期内产生的成本却使当地社区牺牲了一些发展的机会，使自身的经济发展和社会发展都受到一定的损失。

从系统论的角度分析，社区包含两个大的子系统，一个是当地的生态环境系统，另一个是当地的社区经济系统，这两个系统不是孤立和封闭的。从生态经济的角度看，这两个系统都以其特有的方式发挥着它们对系统的影响。当地社区的自然资源既是当地林业生态工程的重要组成部分，又是当地社区社会经济发展最基础的物质源泉，这就不可避免地使保护和发展在资源的利益取向上对立起来。只要世界上存在发展和保护的问题，它们之间的矛盾就是一个永恒的主题。

基于上述分析可以得出，如何协调整体和局部利益是解决现代林业生态工程与社区发展之间矛盾的一个关键。在很多地区，由于历史和地域的原因，其发展都是通过对自然资源进行粗放式的、过度的使用来实现的，如要他们放弃这种发展方式，采用更高的发展模式是勉为其难和不现实的。因而，在处理保护与发展的关系时，要公正和客观地认识社区的发展能力和发展需求。具体来说，解决现代林业生态工程与社区发展之间矛盾的可能途径主要有三条：一是通过政府行为，即通过一些特殊和优惠的发展政策来促进所在区域的社会经济发展，以弥补由于实施林业生态工程给当地带来的损失。由于缺乏成功的经验和成本较大等，目前采纳这种方式比较困难，但可以预计，政府行为将是在大范围和从根本上解决保护与发展之间矛盾的主要途径。二是在林业生态工程和其他相关发展活动中用经济激励的方法，使当地的农民在林业生态工程和资源持续利用中能获得更多的经济收益，这就是说要寻找一种途径，既能使当地社区从自然资源获得一定的经济利益，又不使资源退化，使保护和发展的利益在一定范围和程度内统一在一起，这是目前比较适合农村现状的途径，其原因是这种方式涉及面小、比较灵活、实效性较强、成本也较低。三是通过综合措施，即将政府行为、经济激励和允许社区对自然资源适度利用等方法结合在一起，使社区既能从林业生态工程中获取一定的直接收益，又能获得外部扶持及政策优惠，这条途径可以说是解决保护与发展矛盾的最佳选择，但它涉及的问题多、难度大，应是今后长期发展的目标。

三、要实行工程项目管理

所谓工程项目管理是指项目管理者为了实现工程项目目标，按照客观规律的要求，运用系统工程的观点、理论和方法，对执行中的工程项目的进展过程中各阶段工作进行计划、组织、控制、沟通和激励，以取得良好效益的各项活动的总称。

一个建设项目从概念的形成、立项申请、进行可行性研究分析、项目评估决策、市场定位、设计、项目的前期准备工作、开工准备、机电设备和主要材料的选型及采购、工程项目的组织实施、计划的制订、工期质量和投资控制、直到竣工验收、交付使用，经历了很多不可缺少的工作环节，其中任何一个环节的成功与否都直接影响工程项目的成败，而工程项目的管理实际是贯穿了工程项目的形成全过程，其管理对象是具体的建设项目，而管理的范围是项目的形成全过程。

建设项目一般都有一个比较明确的目标，但下列目标是共同的：即有效地利用有限的资金和投资，用尽可能少的费用、尽可能快的速度和优良的工程质量建成工程项目，使其实现预定的功能交付使用，并取得预定的经济效益。

（一）工程项目管理的五大过程

一是启动：批准一个项目或阶段，并且有意向往下进行的过程；二是计划：制定并

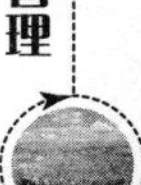

改进项目目标，从各种预备方案中选择最好的方案，以实现所承担项目的目标；三是执行：协调人员和其他资源并实施项目计划；四是控制：通过定期采集执行情况数据，确定实施情况与计划的差异，便于随时采取相应的纠正措施，保证项目目标的实现；五是收尾：对项目的正式接收，达到项目有序的结束。

（二）工程项目管理的工作内容

工程项目管理的工作内容很多，但具体地讲主要有以下五个方面的职能：

1. 计划职能

将工程项目的预期目标进行筹划安排，对工程项目的全过程、全部目标和全部活动统统纳入计划的轨道，用一个动态的可分解的计划系统来协调控制整个项目，以便提前揭露矛盾，使项目在合理的工期内以较低的造价高质量地协调有序地达到预期目标，因此，工程项目的计划是龙头，同时计划也是管理。

2. 协调职能

对工程项目的不同阶段、不同环节，与之有关的不同部门、不同层次之间，虽然都各有自己的管理内容和管理办法，但他们之间的接合部往往是管理最薄弱的地方，需要有效地沟通和协调，而各种协调之中，人与人之间的协调又最为重要。协调职能使不同的阶段、不同环节、不同部门、不同层次之间通过统一指挥形成目标明确、步调一致的局面，同时通过协调使一些看似矛盾的工期、质量和造价之间的关系，时间、空间和资源利用之间的关系也得到了充分统一，所有这些对于复杂的工程项目管理来说无疑是非常重要的工作。

3. 组织职能

在熟悉工程项目形成过程及发展规律的基础上，通过部门分工、职责划分，明确职权，建立行之有效的规章制度，使工程项目的各阶段、各环节、各层次都有管理者分工负责，形成一个具有高效率的组织保证体系，以确保工程项目的各项目标的实现。这里特别强调的是可以充分调动起每个管理者的工作热情和积极性，充分发挥每个管理者的工作能力和长处，以每个管理者完美的工作质量换取工程项目的各项目标的全面实现。

4. 控制职能

工程项目的控制主要体现在目标的提出和检查，目标的分解，合同的签订和执行，各种指标、定额和各种标准、规程、规范的贯彻执行，以及实施中的反馈和决策来实现的。

5. 监督职能

监督的主要依据是工程项目的合同、计划、规章制度、规范、规程和各种质量标准、工作标准等，有效的监督是实现工程项目各项目标的重要手段。

四、要用参与式方法来实施现代林业生态工程

（一）参与式方法的概念

参与式方法是20世纪后期确立和完善起来的一种主要用于与农村社区发展内容有关项目的新的工作方法和手段，其显著特点是强调发展主体积极、全面地介入发展的全过程，使相关利益者充分了解他们所处的真实状况、表达他们的真实意愿，通过对项目全程参与，提高项目效益，增强实施效果。具体到有关生态环境和流域建设等项目，就是要变传统“自上而下”的工作方法为“自下而上”的工作方法，让流域内的社区和农户积极、主动、全面地参与到项目的选择、规划、实施、监测、评价、管理中来，并分享项目成果和收益。参与式方法不仅有利于提高项目规划设计的合理性，同时也更易得到各相关利益群体的理解、支持与合作，从而保证项目实施的效果和质量。参与式方法是目前各国际组织在发展中国家开展援助项目时推荐并引入的一种主要方法。与此同时，通过促进发展主体（如农民）对项目全过程的广泛参与，帮助其学习掌握先进的生产技术和手段，提高可持续发展的能力。

引进参与式方法能够使发展主体所从事的发展项目公开透明，把发展机会平等地赋予目标群体，使人们能够自主地组织起来，分担不同的责任，朝着共同的目标努力工作，在发展项目的制定者、计划者及执行者之间形成一种有效、平等的“合伙人关系”。参与式方法的广泛运用，可使项目机构和农民树立参与式发展理念并运用到相关项目中去。

（二）参与式方法的程序

1. 参与式农村评估

参与式农村评估是一种快速收集农村信息资料、资源状况与优势、农民愿望和发展途径的新方法。这种方法可促使当地居民（不同的阶层、民族、宗教、性别）不断加强对自身与社区及其环境条件的理解，通过实地考察、调查、讨论、研究，与技术、决策人员一道制订出行动计划并付诸实施。

在生态工程启动实施前，一般应对项目区的社会经济状况进行调查，了解项目区的

贫困状况、土地利用现状、现存问题，询问农民的愿望和项目初步设计思想，同政府官员、技术人员和农民一起商量最佳项目措施改善当地生态环境和经济生活条件。

参与式农村评估的方法有半结构性访谈、划分农户贫富类型、制作农村生产活动季节、绘制社区生态剖面、分析影响发展的主要或核心问题、寻找发展机会等。

具体调查步骤是，评估组先与项目县座谈，了解全县情况和项目初步规划及规划的做法，选择要调查的项目乡镇、村和村民组；再到项目村和村民组调查土地利用情况，让农民根据自己的想法绘制土地利用现状草图、土地资源分布剖面图、农户分布图、农事活动安排图，倾听农民对改善生产生活环境的意见，并调查项目村、组的社会经济状况和项目初步规划情况等；然后根据农民的标准将农户分成3~5个等次，在每个等次中走访1个农户，询问的主要内容包括人口，劳力，有林地、荒山、水田、旱地面积，农作物种类及产量，详细收入来源和开支情况，对项目的认识和要求等，介绍项目内容和支付方法，并让农民重新思考希望自家山场种植的树种和改善生活的想法；最后，隔1~3天再回访，收集农民的意见，现场与政府官员、林业技术人员、农民商量，找出大家都认同的初步项目措施，避免在项目实施中出现林业与农业用地、劳力投入与支付、农民意愿与规划设计、项目林管护、利益分配等方面的矛盾，保证项目的成功和可持续发展。

2. 参与式土地利用规划

参与式土地利用规划是以自然村/村民小组为单位，以土地利用者（农民）为中心，在项目规划人员、技术人员、政府机构和外援工作人员的协助下，通过全面、系统地分析当地土地利用的潜力和自然、社会、经济等制约因素，共同制订未来土地利用方案及实施的过程。这是一种自下而上的规划，农户是制订和实施规划的最基本单元。参与式土地利用规划的目的是让农民能够充分认识和了解项目的意义、目标、内容、活动与要求，真正参与自主决策，从而调动他们参与项目的积极性，确保项目实施的成功。参与式土地利用规划的参与方有：援助方（即国外政府机构、非政府组织和国际社会等）、受援方的政府、目标群体（即农户、村民小组和村民委员会）、项目人员（即承担项目管理与提供技术支持的人员）。

之所以采用参与式土地利用规划是因为过去实施的同类项目普遍存在以下问题：①由于农民缺乏积极性和主动性导致造林成活率低及林地管理不善。这是因为他们没有参与项目的规划及决策过程，而只是被动地执行，对于为什么要这样做、这样做会有什么好处等不十分清楚，所以认为项目是政府的而不是自己的，自己参与一些诸如造林等工作只不过是出力拿钱而已，至于项目最终搞成什么样子，与己无关。②由于树种选择不符或者种植技术及管理技术不当导致造林成活率和保存率低，林木生长不良。③由于放牧或在造林地进行农业活动等导致造林失败。

通过参与式土地利用规划过程，则可以起到以下作用：①激发调动农民的积极性，使农民自一开始就认识到本项目是自己的项目，自己是执行项目的主人；②分析农村社会经济状况及土地利用布局安排，确定制约造林与营林管护的各种因子；③在项目框架条件下根据农民意愿确定最适宜的造林地块、最适宜的树种及管护安排；④鼓励农民进行未来经营管理规划；⑤尽量事先确认潜在土地利用冲突，并寻找对策，防患于未然。

3. 参与式监测与评估

运用参与式进行项目的监测与评价要求利益双方均参与，它是运用参与式方法进行计划、组织、监测和项目实施管理的专业工具与技术，能够促进项目活动的实施得到最积极的响应，能够很迅速地反馈经验，最有效地总结经验教训，提高项目实施效果。

在现代林业生态工程参与式土地利用规划结束时，对项目规划进行参与式监测与评估的目的是：评价参与式土地利用规划方法及程序的使用情况，检查规划完成及质量情况，发现问题并讨论解决方案，提出未来工作改进建议。

参与式监测与评估的方法是：在进行参与式土地利用的规划过程中，乡镇技术人员主动发现和自我纠正问题，监测中心、县项目办人员到现场指导规划工作，并检查规划文件与村民组实际情况的一致性；其间，省项目办、监测中心、国内外专家不定期到实地抽查；当参与式土地利用规划文件准备完成后，县项目办向省项目办提出评估申请；省项目办和项目监测中心派员到项目县进行监测与评估；最后，由国内外专家抽查评价。评估小组至少由两人组成：项目监测中心负责参与式土地利用规划的代表一名和其他县项目办代表一名。他们都是参加过参与式土地利用规划培训的人员。

参与式监测与评估的程序是：评估小组按照省项目办、监测中心和国际国内专家研定的监测内容和打分表，随机检查参与式土地利用规划文件，并抽查1~3个村民组进行现场核对，对文件的完整性和正确性打分，如发现问题，与县乡技术人员及农民讨论存在的困难，寻找解决办法。评估小组在每个乡镇至少要检查50%的村民组（行政村）规划文件，对每份规划文件给予评价，并提出进一步完善意见，如果该乡镇被查文件的70%通过了评估，则该乡镇的参与式土地利用规划才算通过了评估。省项目办、监测中心和国际国内专家再抽查评估小组的工作，最后给予总体评价。

第三节　林业生态工程的管理机制

一、组织管理机制

省、市、县、乡（镇）均成立项目领导组和项目管理办公室。项目领导组组长一般由政府主要领导或分管领导担任，林业和相关部门负责人为领导组成员，始终坚持把林业外资项目作为林业工程的重中之重抓紧抓实。项目领导组下设项目管理办公室，作为同级林业部门的内设机构，由林业部门分管负责人兼任项目管理办公室主任，设专职副主任，配备足够的专职和兼职管理人员，负责项目实施与管理工作。同时，项目领导组下设独立的项目监测中心，定期向项目领导组和项目办提供项目监测报告，及时发现施工中出现的问题并分析原因，建立项目数据库和图片资料档案，评价项目效益，提交项目可持续发展建议，等等。

二、规划管理机制

按照批准的项目总体计划（执行计划），在参与式土地利用规划的基础上编制年度实施计划。从山场规划、营造的林种树种、技术措施方面尽可能地同农民讨论，并引导农民改变一些传统的不合理习惯，实行自下而上、多方参与的决策机制。参与式土地利用规划中可以根据山场、苗木、资金、劳力等实际情况进行调整，用“开放式”方法制订可操作的年度实施计划。项目技术人员召集村民会议、走访农户、踏查山场等，与农民一起对项目小班、树种、经营管理形式等进行协商，形成详细的图、表、卡等规划文件。

三、工程管理机制

以县、乡（镇）为单位，实行项目行政负责人、技术负责人和施工负责人责任制，对项目全面推行质量优于数量、以质量考核实绩的质量管理制。为保证质量管理制的实行，上级领导组与下级领导组签订行政责任状，林业主管单位与负责山场地块的技术人员签订技术责任状，保证工程建设进度和质量。项目工程以山脉、水系、交通干线为主线，按区域治理、综合治理、集中治理的要求，合理布局，总体推进。工程建设大力推广和应用林业先进技术，坚持科技兴林，提倡多林种、多树种结合、乔灌草配套，防护林必须营造混交林。项目施工保护原有植被，并采取水土保持措施（坡改梯、谷坊、生物带等），禁止炼山和全垦整地，营建林区步道和防火林带，推广生物防治病虫措施，提高项目建设综合效益。推行合同管理机制，项目基层管理机构与农民签订项目施工合同，明确双方权利和义务，确保项目成功实施和可持续发展。项目的基建工程和车辆设备采购实行国际、国内招标或“三家”报价，项目执行机构成立议标委员会，选择信誉好、质量高、价格低、后期服务优的投标单位中标，签订工程建设或采购合同。

四、资金管理机制

项目建设资金单设专用账户，实行专户管理、专款专用，县级配套资金进入省项目专户管理，认真落实配套资金，确保项目顺利进展，不打折扣。实行报账制和审计制。项目县预付工程建设费用，然后按照批准的项目工程建设成本，以合同、监测中心验收合格单、领款单、领料单等为依据，向省项目办申请报账。经审计后，省项目办给项目县核拨合格工程建设费用，再向国内外投资机构申请报账。项目接受国内外审计，包括账册、银行记录、项目林地、基建现场、农户领款领料、设备车辆等的审计。项目采用报账制和审计制，保证了项目任务的顺利完成、工程质量的提高和项目资金使用的安全。

五、监测评估机制

项目监测中心对项目营林工程和非营林工程实行按进度全面跟踪监测制，选派一名技术过硬、态度认真的专职监测人员到每个项目县常年跟踪监测，在监测中使用GIS和GPS等先进技术。营林工程监测主要监测施工面积和位置、技术措施（整地措施、树种配置、栽植密度）、施工效果（成活率、保存率、抚育及生长情况等）。非营林工程监测主要由项目监测中心在工程完工时现场验收，检测工程规模、投资和施工质量。监测工作结束后，提交监测报告，包括监测方法、完成的项目内容及工作量、资金用量、主要经验与做法、监测结果分析与评价、问题与建议等，并附上相应的统计表和图纸等。

六、信息管理机制

项目建立计算机数据库管理系统，连接 GIS 和 GPS，及时、准确地掌握项目进展情况和实施成效，科学地进行数据汇总和分析。项目文件、图表卡、照片、录像、光盘等档案实行分级管理，建立项目专门档案室（柜），订立档案管理制度，确定专人负责立卷归档、查阅借还和资料保密等工作。

七、激励惩戒机制

项目建立激励机制，对在项目规划管理、工程管理、资金管理、项目监测、档案管理中做出突出贡献的项目人员，给予通报表彰，颁发奖金和证书，做到事事有人管、人人愿意做。在项目管理中出现错误的，要求及时纠正；出现重大过错的，视情节予以处分甚至调离项目队伍。

八、示范推广机制

全面推广林业科学技术成果和成功的项目管理经验。全面总结提炼外资项目的营造林技术、水土保持技术和参与式土地利用规划、合同制、报账制、评估监测及审计、数字化管理等经验，应用于林业生产管理中。

九、人力保障机制

根据林业生产与发展的技术需求，引进一批国外专家和科技成果，加大林业生产的科技含量。组织林业管理、技术人员到国外考察、培训、研修、参加国际会议等，开阔视野，提高人员素质，注重培养国际合作人才，为林业大发展积蓄潜力，扩大林业对外合作的领域，推进多种形式的合资合作，大力推进政府各部门间甚至民间的林业合作与交流。

十、审计保障机制

省级审计部门按照外资项目规定的审计范围和审计程序，全面审查省及项目县的财务报表、总账和明细账，核对账表余额，抽查会计凭证，重点审查财务收支和财务报表的真实性；并审查项目建设资金的来源及运用，包括审核报账提款原始凭证，资金的入账、利息、兑换和拨付情况；对管理部门内部控制制度进行测试评价；定期向外方出具无保留意见的审计报告。外方根据项目实施进度，于项目中期和竣工期委派国际独立审计公司审计项目，检查省项目办所有资金账目，随机选择项目县全县项目财务收支和管理情况，检查设备采购和基建三家报价程序和文件，并深入项目建设现场和农户家中，进行施工质量检查和劳务费支付检查。

第四节　林业生态工程建设领域的新应用

一、信息技术

信息技术是新技术革命的核心技术与先导技术，代表了新技术革命的主流与方向。由于计算机的发明与电子技术的迅速发展，为整个信息技术的突破性进展开辟了道路。微电子技术、智能机技术、通信技术、光电子技术等重大成就，使得信息技术成为当代高技术最活跃的领域。由于信息技术具有高度的扩展性与渗透性、强大的纽带作用与催化作用、有效地节省资源与节约能源功能，不仅带动了生物技术、新材料技术、新能源技术、空间技术与海洋技术的突飞猛进，而且它自身也开拓出许多新方向、新领域、新用途，推动整个国民经济以至于社会生活各方面的彻底改变，为人类社会带来了最深刻、最广泛的信息革命。信息革命的直接目的和必然结果，是扩展与延长人类的信息功能，特别是智力功能，使人类认识世界和改造世界的能力发生了一个大的飞跃，使人类的劳动方式发生革命性的变化，开创人类智力解放的新时代。

自20世纪50年代美国率先将计算机引入林业以来，经过半个世纪，它从最初的科学运算工具发展到现在的综合信息管理和决策系统，促进林业的管理技术和研究手段发生了很大的变化。特别是近几年，计算机和数据通信技术的发展，为计算机的应用提供了强大的物质基础，极大地推动了计算机在林业上的应用向深层发展。现在，计算机已成为林业科研和生产各个领域的最新且最有力的手段和必备工具。

（一）信息采集和处理

1. 野外数据采集技术

林业上以往传统的野外调查都以纸为记录数据的媒介，它的缺点是易脏、易受损，

数据核查困难。近年来，随着微电子技术的发展，一些国家市场上出现了一种野外电子数据装置（EDRS），它以直流电池为电源，微处理器控制，液晶屏幕显示，具有携带方便和容易操作的特点。利用EDRS在野外调查的同时即可将数据输入临时存储器，回来后，只须通过一根信号线就可将数据输入中心计算机的数据库中。若适当编程，EDRS还可在野外进行数据检查和预处理。目前，美国、英国和加拿大都生产EDRS，欧美许多国家都已在林业生产中运用。

2. 数据管理技术

收集的数据需要按一定的格式存放，才能方便管理和使用。因此，随着计算机技术发展起来的数据库技术，一出现就受到林业工作者的青睐，世界各国利用此技术研建了各种各样的林业数据库管理系统。

3. 数据统计分析

数据统计分析是计算机在林业中应用最早也是最普遍的领域。借助计算机结合数学统计方法，可以迅速地完成原始数据的统计分析，如：分布特征、回归估计、差异显著性分析和相关分析等，特别是一些复杂的数学运算，如：迭代、符号运算等，更能发挥计算机的优势。

（二）决策支持系统技术

决策支持系统（DSS）是多种新技术和方法高度集成化的软件包。它将计算机技术和各种决策方法（如：线性规划、动态规划和系统工程等）相结合。针对实际问题，建立决策模型，进行多方案的决策优化。目前，国外林业支持系统的研究和应用十分活跃，在苗圃管理、造林规划、天然更新、树木引种、间伐和采伐决策、木材运输和加工等方面都有成果涌现。最近，决策支持系统技术的发展已经有了新的动向，群体DSS、智能DSS、分布式的DSS已经出现，相信未来的决策支持系统将是一门高度综合的应用技术，向着集成化、智能化的方向迈进，也将会给林业工作者带来更大的福音。

（三）人工智能技术

人工智能（AI）是处理知识的表达、自动获取及运用的一门新兴科学，它试图通过模仿诸如演绎、推理、语言和视觉辨别等人脑的行为，来使计算机变得更为有用。AI有很多分支，在林业上应用最多的专家系统（ES）就是其中之一。专家系统是在知识水平上处理非结构化问题的有力工具。它能模仿专门领域里专家求解问题的能力，对复杂问题做专家水平的结论，广泛地总结了不同层面的知识和经验，使专家系统比任何一个人类专家更具权威性。因此，国外林业中专家系统的应用非常广泛。目前，国外开发的林业专家系统主要有林火管理专家系统、昆虫及野生动植物管理专家系统、森林经营规划专家系统、遥感专家系统等。人工智能技术的分支如机器人学、计算机视觉和模式识别、自然语言处理，以及神经网络等技术在林业上的应用还处于研究试验阶段。但有倾向表明，随着计算机和信息技术的发展，人工智能将成为计算机应用的最广阔的领域。

（四）3S 技术

“3S”是指遥感（RS）、地理信息系统（GIS）和全球定位系统（GPS），它们是随着电子、通信和计算机等尖端科学的发展而迅速崛起的高新技术，三者有着紧密的联系，在林业上应用广泛。

遥感是通过航空或航天传感器来获取信息的技术手段。利用遥感可以快速、廉价地得到地面物体的空间位置和属性数据。近年来，随着各种新型传感器的研制和应用，使得遥感特别是航天遥感有了飞速发展。遥感影像的分辨率大幅度提高，波谱范围不断扩大。特别是星载和机载成像雷达的出现，使遥感具有了多功能、多时相、全天候能力。在林业中，遥感技术被用于土地利用和植被分类、森林面积和蓄积估算、土地沙化和侵蚀监测、森林病虫害和火灾监测等。

地理信息系统是以地理坐标为控制点，对空间数据和属性数据进行管理和分析的技术工具。它的特点是可以将空间特性和属性特征紧密地联系起来，进行交互方式的处理，结合各种地理分析模型进行区域分析和评价。林业中地理信息系统能够提供各种基础信息（地形、河流、道路等）和专业信息的空间分布，是安排各种森林作业如采伐抚育、更新造林等有力的决策工具。

全球定位系统是利用地球通信卫星发射的信息进行空中或地面的导航定位。它具有实时、全天候等特点，能及时、准确地提供地面或空中目标的位置坐标，定位精度可达100 米至几毫米。林业中全球定位系统可用于遥感地面控制、伐区边界测量、森林调查样点的导航定位、森林灾害的评估等诸多方面。

三个系统各有侧重，互为补充。RS 是 GIS 重要的数据源和数据更新手段，而 GIS 则是 RS 数据分析评价的有力工具；GPS 为 RS 提供地面或空中控制，它的结果又可以直接作为 G1S 的数据源。因此，“3S”已经发展成为一门综合的技术，世界上许多国家在森林调查、规划、资源动态监测、森林灾害监测和损失估计、森林生态效益评价等诸多方面应用了“3S”技术，已经形成了一套成熟的技术体系。可以预见，随着计算机软硬件技术水平的不断提高，“3S”技术将不断完善，并与决策支持系统、人工智能技术、多媒体等技术相结合，成为一门高度集成的综合技术，开辟更广阔的应用领域。

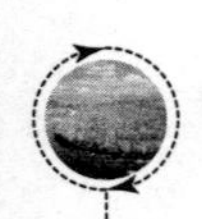

（五）网络技术

计算机网络是计算机技术与通信技术结合的产物，它区别于其他计算机系统的两大特征是分布处理和资源共享。它不仅改变了人们进行信息交流的方式，实现了资源共享，而且使计算机的应用进入了新的阶段，也将对林业生产管理和研究开发产生深远的影响。

二、生物技术

生物技术是人类最古老的工程技术之一，又是当代的最新技术之一，古今之间有着发展中的联系，又有着质的飞跃和差别。这个突破主要导因是 20 世纪 50 年代分子生物学的诞生与发展。特别是 20 世纪 70 年代崛起的现代生物工程，其重要意义绝不亚于原子裂变和半导体的发现。作为当代新技术革命的关键技术之一，生物技术包括四大工艺系统，即基因工程、细胞工程、酶工程和发酵工程。基因工程和细胞工程是在不同水平上改造生物体，使之具有新的功能、新的性状甚或新改造的物种，因而它们是生物技术的基础，也是生物技术不断发展的两大技术源泉；而酶工程和发酵工程则是使上述新的生物体及其新的功能和新的性状企业化与商品化的工艺技术，所以它们是生物技术产生巨大社会、经济效益的两根重要支柱。在短短的 20 年间，生物技术在医药、化工、食品、农林牧、石油采矿、能源开发、环境保护等众多领域取得了一个又一个突破，产生一股史无前例的革命洪流，极大地改变着世界的经济面貌和人类的生活方式。生物技术对于 21 世纪的影响，就像物理学和化学对 20 世纪的影响那样巨大。

植物生物技术的快速发展也给林业带来了新的生机和希望。分子生物学技术和研究方法的更新和突破，使得林木物种研究工作出现勃勃生机。

（一）林木组培和无性快繁

林木组培和无性快繁技术对保存和开发利用林木物种具有特别重要的意义。由于林木生长周期长，繁殖力低，加上 21 世纪以来对工业用材及经济植物的需求量有增无减，单靠天然更新已远远不能满足需求。近几十年来，经过几代科学家的不懈努力，如今一大批林木、花卉和观赏植物可以通过组培技术和无性繁殖技术，实现大规模工厂化生产。这不仅解决了苗木供应问题，而且为长期保存和应用优质种源提供了重要手段，同时还为林木基因工程、分子和发育机制的进一步探讨找到了突破口。尤其是过去一直被认为是难点的针叶树组培研究，如今也有了很大程度的突破，如：组培生根、芽再生植株、体细胞胚诱导和成年树的器官幼化等。

（二）林木基因工程和细胞工程

林木转基因是一个比较活跃的研究领域。近年来成功的物种不断增多，所用的目的基因也日趋广泛，最早成功的是杨树。到目前为止，有些项目开始或已经进入商品化操作阶段。在抗虫方面，有表达 Bt 基因的杨树、苹果、核桃、落叶松、花旗松、火炬松、云杉和表达蛋白酶抑制剂的杨树等。在抗细菌和真菌病害方面，有转特异抗性基因的松树、栎树和山杨、灰胡桃（黑窝病）等。在特殊材质需要方面，利用反义基因技术培育木质素低含量的杨树、桉树、灰胡桃和辐射松等。此外，抗旱、耐湿、抗暴、耐热、抗盐、耐碱等各种定向林木和植物正在被不断地培育出来，有效地拓展了林业的发展地域和空间。

（三）林木基因组图谱

利用遗传图谱寻找数量性状位点也成为近年来的研究热点之一。一般认为，绝大多数重要经济性状和数量性状是由若干个微效基因的加性效应构成的。可以构建某些重要林木物种的遗传连锁图谱，然后根据其图谱，定位一些经济性状的数量位点，为林木优良性状的早期选择和分子辅助育种提供证据。目前，已经完成或正在进行遗传图谱构建的林木物种有杨树、柳树、桉树、栎树、云杉、落叶松、黑松、辐射松和花旗松等，主要经济性状定位的有林积、材重、生长量、光合率、开花期、生根率、纤维产量、木质素含量、抗逆性和抗病虫能力等。

（四）林木分子生理和发育

研究木本植物的发育机制和它们对环境的适应性，也由于相关基因分离和功能分析的深入进行而逐步开展起来，并取得了应用常规技术难以获得的技术进展，为林业生产和研究提供了可靠的依据。

三、新材料技术

林业新材料技术研究从复合材料、功能材料、纳米材料、木材改性等方面探索。重点是林业生物资源纳米化，木材功能性改良和木基高分子复合材料、重组材料的开发利用，木材液化、竹藤纤维利用、抗旱造林材料、新品种选育等方面研究，攻克关键技术，扶持重点研究和开发工程。

四、新方法推广

从林业生态建设方面来看，重点是加速稀土林用技术、除草剂技术、容器育苗、保水剂、ABT生根粉、菌根造林、生物防火隔离带、水土保持技术、生物防火阻隔带技术等造林新方法的推广应用。这些新方法的应用和推广，将极大地促进林业生态工程建设发展。

第六章

森林的培养、保护与利用

第一节　森林培育

一、森林的生长发育及其调控

（一）林木个体的生长发育

林木个体的生活史，起源于受精卵的第一次分裂，终于植株死亡，其间经过营养生长和生殖生长（简称发育）两个过程。林木首先以营养器官的生长过程为其主要特征，经过一定发育时期，便产生生殖器官，然后进行繁殖。林木个体经过生长、发育、繁殖和衰老而完成生命周期，并延续种的存在和繁荣。

1. 林木个体生长发育的概念

林木个体生长是指树木个体体积和重量的增长变化。林木由种子萌发，经过幼苗时期，长成枝叶茂盛、根系发达的林木，这就是林木的生长。林木生长是其内部物质经过代谢合成，造成体量的增加而实现的。林木的生长通常可以通过其生长过程、生长速率及生长量等来加以描述。林木的生长可细分为树高生长、直径生长、根系生长、树冠生长和材积生长等，总体上按照慢—快—慢的顺序节律进行，通常是树高先生长加快，然后直径生长和材积生长加快。不同树种的生长规律可能有很大差异。

林木个体发育是林木个体构造和机能从简单到复杂的变化过程，即林木器官、组织或细胞的质的变化，也就是新增加的部分在形态结构以致生理机能上与原来部分均有明显区别。在高等植物中，发育一般是指达到性机能成熟，即林木从种子萌发到新种子形

成（或合子形成）到植株死亡过程中所经历的一系列质变现象。

林木个体的生长与发育既有密切联系，又有质的区别。生长是发育的前提，没有一定量的生长，就没有质的发育。发育是在生长基础上进行的，发育过程中又包含着生长。良好的生长才会导致正常的发育，正常的发育则为继续生长准备了条件。然而，林木个体生长与发育又存在着质的区别。生长主要表现为林木细胞数量的增加和各器官体量的增加，以量变的过程为主要特征；发育则表现为细胞活物质内在的变化，是以质变为显著特征的变化过程。对林木生长有利的条件，不一定对发育有利；反之亦然。生长与发育所需环境条件有显著不同，只有分别满足生长和发育的具体需要时，林木生活才得以正常进行。林木培育的目的可能不同，有的以培育主干木材为主，有的则以果实（种子）为主，也有的要兼顾木材和种实的生产。不同的培育目的对控制林木生长和发育有不同的要求。

2. 林木个体生长的周期性

在自然条件下，林木或器官的生长速率随着昼夜或季节发生有规律的变化，这种现象称为林木生长的周期性。林木生长速率按昼夜而发生有规律的变化称为生长的昼夜周期性，而林木在一年中的生长速率按季节发生有规律的变化，称为生长的季节周期性。林木生长产生周期性的原因主要是昼夜或四季的温度、光照和水分等因素的分配差异，以及林木对这些因素的适应性差异。四季的温度、光照和水分等因素的变化大于昼夜变化，因此对林木生长的影响更大，使得林木生长的季节周期性变化更为明显。

林木生长的季节周期性变化是林木对环境周期性变化的一种适应，而不同树种生长的季节周期性有很大差异，特别是在高生长方面表现更为突出。通常根据一年中林木高生长期的长短，可把树种分为前期生长类型和全期生长类型两种。

前期生长类型又称春季生长类型。这类树种的高生长期及侧枝延长生长期很短，多数为1~3个月（北方1~2个月、南方1~3个月），而且每年只有1个生长期，一般到5~6个月高生长即结束。前期生长类型的树种有松属、云杉属、冷杉属、栎属及银杏、板栗、核桃等。前期生长类型的特点是春季开始生长时，高生长经过极短的生长初期，即进入较短的速生期，之后便很快停止生长。以后主要是叶子生长，如叶面积扩大，新生的幼嫩枝条逐渐木质化，出现冬芽，根系和直径继续生长，充实冬芽并积累营养物质。前期生长类型的树种有时会出现二次生长现象，即当年形成的芽，在早秋又开始生长，称为秋生长或二次生长。由于二次生长的部分当年秋季不能充分木质化，所以不耐低温和干旱，经过寒冬和春旱后死亡率很高，如：油松、红松、樟子松、核桃等。了解林木的这种生长特点，可使森林培育工作做到有的放矢，采取更有效的调控措施来保证林木的正常生长。有些本属前期生长的树种，在合适的条件下（生长季长，条件优越）

可能产生正常的二次、三次甚至多次生长，即一年中有多次形成定芽并多次萌发，这种现象在南方松类（湿地松、加勒比松等）中相当普遍，栎类树种也有此现象。

全期生长类型的树种，其高生长期持续在整个生长季节（北方 3~6 个月，南方 6~8 个月，有的达 9 个月以上）。属全期生长类型的树种有侧柏、落叶松、杉木、柳杉、雪松、杨树、刺槐、桉树、泡桐、悬铃木、山杏、紫穗槐等。全期生长类型林木的生长特点是高生长在全生长季节中都在进行，而叶子生长、新生枝条的木质化等是边生长边进行，秋季达到充分木质化，以备越冬。全期生长类型林木的高生长速度在一年中并不是直线上升的，会出现 1~2 次生长暂缓期，即高生长速度明显减缓，高生长量大幅度下降，有时甚至出现生长停滞状态。在暂缓期过后，高生长还会出现第二次速生高峰期。根据这些生长特点，可采取相应的技术措施来调控林木的生长。

3. 林木个体生长的相关性

林木是由各种器官组成的统一整体。各器官的分工不同，具有特殊的生理功能，但它们的关系很密切，不能独立存在，任何一个器官的生长都会受到其他器官生长的影响。林木各器官生长存在的这种相互依赖又相互制约的关系，称为生长的相关性。

（1）地下部分和地上部分的相关性

地下部分是指林木的地下器官，如：根、块茎及鳞茎等；地上部分是指林木的地上器官，包括茎、叶等。地下部分与地上部分的生长是相互依赖、相互促进的，“根深叶茂”就是对其协调关系的很好总结。根和地上部分生长的协调，主要是营养物质和生长调节物质的相互交换供应。地上部分所需的水分、矿物质、氨基酸和细胞分裂素等由根部供给，而根所需的糖、维生素等由地上部分的叶子制造。

林木地下部分与地上部分的生长也存在相互抑制和制约。在年生长周期中，地上部分高生长的速生高峰期与地下部分根系的速生高峰期交错进行。在生长初期，根系生长比高生长快，在春季便最早出现生长高峰，这是因为根系生长要求的最低温度比地上部分低。随后，高生长速度逐渐超过根系生长速度，进入高生长速生期。这时林木已枝叶繁茂，地上部分的营养器官发达，是需水、需肥最多的时期，这时根系生长却比较缓慢。高生长速生高峰期过后，由于地上部分的营养器官能制造大量碳水化合物输送到根部，促使根系加速生长，因而根系生长加快。

（2）主茎和侧枝的相关性

在林木生长过程中，普遍会出现主茎生长很快、侧枝生长较慢的现象。这种林木主茎顶芽生长快，抑制侧芽或侧枝生长的现象，称为顶端优势。松树、圆柏和杉木等都具有明显的顶端优势。松、柏、杉等林木的侧枝，越靠近顶端的受抑制越强，离顶端远的受抑制弱，因而形成塔形树冠。有些树种的顶端优势很弱或者没有顶端优势。

林木的根系也有顶端优势，主根生长旺盛，使侧根生长受到抑制。在主根受损时，侧根才较快生长，所以，在苗木移栽或造林时，修剪过长的主根，可使侧根及须根生长加快，有利于造林成活及林木生长。

某些果树（苹果、梨、荔枝等）虽无明显的顶端优势，却有明显的先端优势。先端优势是指主茎顶芽不抑制侧枝生长，而是所有枝条的顶芽抑制本枝条下部芽生长。

在生产上，需要保持或去除林木的顶端优势。杉、松等用材树种，需要保持顶端优势，使其长得高大、通直。园艺上果树的修枝整形和盆景的培育，移苗时断根促进侧根生长，也是顶端优势原理的应用。

（3）营养生长与生殖生长的相关性

林木在生长发育过程中，前期是根、茎、叶的生长，即营养生长；到了一定时候，花芽分化，接着开花、结实。花芽分化后，林木进入生殖生长阶段。营养生长和生殖生长是林木生长发育两个不同的阶段，但彼此不能截然分开。林木从种子萌发到花芽分化之前的时期为营养生长期，以后便进入营养生长和生殖生长的并进阶段，而且可持续多年。

林木的营养生长和生殖生长相互依赖、相互对立。营养生长为生殖生长奠定物质基础，生殖器官生长所需的养分大部分由营养器官供给，因此，营养器官生长的好坏直接关系到生殖器官的生长发育。另外，在生殖生长过程中，生殖器官会产生一些激素类物质，反过来影响营养器官的生长。营养生长与生殖生长的对立关系，主要表现在营养器官生长对生殖器官生长的抑制和生殖器官生长对营养器官生长的抑制两全方面。营养器官生长过旺，会影响生殖器官的生长发育。由于营养生长与生殖生长的不协调，经常导致林木结实发生丰歉年交替出现的现象。在林木种子生产上，为了缩短林木结实的间隔期，必须实行集约栽培，采取科学、合理的调控措施，如：控制适宜的密度、提供充足的光照、进行科学的水肥管理、实施必要的疏花疏果等，调控营养生长和生殖生长的矛盾，使林木种子连年丰收。而在培育用材林时，需要在一定的年龄阶段内控制生殖生长，以便把养分集中用于营养生长，促进林木速生丰产。

（4）极性和再生

林木体或其离体部分（器官、组织或细胞）的形态学两端具有不同生理特性的现象，称为极性。极性是林木分化的基础。林木的极性在受精卵中形成并保留下来。再生是指林木个体的离体部分具有恢复林木其他部分的能力，这以细胞中遗传物质的全信息性为基础。插枝、压条和组织培养中的外植体都能培育成完整的植株。将柳树枝条切段挂在潮湿的环境中，无论正挂还是倒挂，其形态学上端总是长芽，形态学下端总是长根。林木各种器官的极性强弱不同，一般茎的极性较强，根和叶的极性很弱或不明显。

4. 林木个体发育与结实

从种子萌发到林木死亡的整个生长大周期中，林木要经过不同的生长发育时期。从林木结实规律的角度出发，通常把林木个体发育分为以下 4 个时期：

（1）幼年期

林木个体发育的幼年阶段从种子萌发时开始，到第一次开花结实时为止。在幼年发育阶段，林木年幼，可塑性大，对环境条件适应性强，枝条的再生能力强，比较容易生根，适于营养繁殖。

在这一时期，林木从种子萌发，幼根生长，随后幼茎出土、展叶、抽条等，都是以营养生长为主，是林木积累营养物质的时期。此时林木尚未形成生殖器官，没有形成性细胞的能力，不能开花结实。到了幼年期后期，随着营养物质不断的积累，林木开始从营养生长向生殖生长转化，开始进行花芽分化，为开花结实准备条件。通常，林木从种子萌发后要经过几年、十几年甚至几十年，才能开花结实。

（2）青年期

该时期是从第一次开花结实开始，到结实 3~5 次为止。在青年发育阶段，林木积累了充足的营养物质，在适宜的环境条件（如：温度、养分、水分和光照等）下，开始由营养生长转入生殖生长，产生能够形成生殖器官和性细胞的质变过程，分化出花芽，开始开花结实。但是，在这一时期林木仍以营养生长为主，生长较快，分枝速度、冠幅扩大及根系生长等也比较快，同时逐渐转入与生殖生长相平衡的过渡时期，结实量不多，果实和种粒大，但空粒较多。青年期的林木种子的可塑性较大，是引种的好材料。

（3）壮年期

林木发育的壮年期又称结实盛期，是从大量结实起，到结实开始衰退为止。在这个时期中，林木大量结实，种子种粒饱满，产量高，质量好，是采种最佳时期。同时，结果枝和根系生长都达到最高峰，冠幅充分扩大，林木对养分、水分和光照条件的要求高，对不良环境条件的抗性强。此时期林木可塑性大大减弱，生物学特性稳定。

（4）老年期

林木从结实量大幅下降开始，发育进入老年期阶段。进入老年阶段后，林木失去可塑性，生理功能明显衰退，新生枝条的数量显著减少，林木主干茎末端和小侧枝开始枯死（枯梢），抗逆能力大幅下降，容易遭受病虫害，结实量大幅减少，种粒小，在生产上已无应用价值。

（二）林木群体的生长发育

1. 幼苗阶段

从种子形成幼苗（或萌蘖出苗）到 1~3 龄前，或植苗造林后 1~3 年属于幼苗阶段，也称为成活阶段。幼苗以独立的个体存在，苗体矮小，根系分布浅，生长比较缓慢，抗性弱，任何不良环境因素都会对其生存构成威胁。其生长特点是地上部分生长缓慢，主根发育迅速，地下部分的生长超过地上部分。幼苗在这个时期必须克服自身的局限和外界环境的不良影响，才能顺利成活并保存下来。这个时期森林培育的主要任务是采取一切技术措施来提高成活率和保存率。在我国造林实践中，解决这一时期幼苗的生根和水分供应，维持苗木体内水分平衡至关重要，一切调控技术必须围绕这一中心环节来抓。

2. 幼树阶段

幼树阶段是指幼苗成活后至郁闭前的这一段时期，又称郁闭前阶段。在幼树阶段，幼树仍然以独立的个体存在，扎根和根系大量发生。幼苗成活后，幼树逐渐长大，根系扩展，冠幅增加，对立地环境已经比较适应，稳定性有所增强。以杉木为例，这个阶段的幼树根系大量分生，密集在表土层 30 cm 范围内，根幅可达 2~3 m；幼树主梢生长逐渐旺盛，每年可达 0. 5~1. 5 m，侧枝每年生长一轮或更多；地上部分的生长较地下部分缓慢，如：2. 5 年幼树地下部分与地上部分生物量之比仅为 1：1. 08（19 年生林木的比例为 1：7. 61）。在立地条件好、造林技术精细的地方，幼树阶段相对较短，造林后 3~5 年即可郁闭成林并进入速生阶段；相反，如果立地条件差或整地粗放、抚育不及时，幼树阶段则相对延长，林分迟迟不能郁闭，常形成“小老树”。在这个时期，调控幼树生长的中心任务，就是要及时采取相应的抚育管理措施（包括土壤管理措施如松土、除草、施肥、灌溉、间作等和幼树抚育措施如间苗、平茬、除蘖等），改善幼树的生活环境，消除不良环境因素（包括生物竞争）的影响，促进幼树生长，加速幼林郁闭，以形成稳定的森林群落。在天然更新时，幼树分布的不均匀导致郁闭进程的群团性特征，如何保证培育目的树种的幼树不受损害，稳定生长并顺利进入郁闭是这个阶段的主要培育任务。

3. 幼林阶段

一般林分郁闭后的 5~10 年属于幼林阶段，为森林的形成时期。这个阶段是从幼树个体生长发育阶段向幼林群体生长发育阶段转化的过渡时期，幼树树冠刚刚郁闭，林木群体结构才开始形成，对外界不良环境因素（如：杂草、干旱、高温等）的抵抗能力增强，稳定性明显提高。同时，这个阶段的前期林木个体之间的矛盾还很小，个体营养空间比较充足，有利于幼林生长发育，开始进入高和径的速生期。天然更新良好的幼林此时进入全林郁闭，呈不通透的密集状态，有时称为密林阶段。这个时期调控林木生长发育的中心任务，就是要为幼林创造较为优越的环境条件，满足幼林对水分、养分、光照和温度的需求，使之生长迅速、旺盛，为形成良好的干形打下基础，并使其免遭恶劣自然环境条件的危害和人为因素的破坏，去除非目的树种对目的树种的过度竞争，透光使幼林健康、稳定地生长发育。发育较早的树种在这个时期已开始结实，属结实幼年期。

对于充分密集的幼林，在幼林阶段的后半段往往出现一些新的变化。由于林木高径快速生长，林分出现了拥挤过密的状态，林木开始显著分化，枝下高迅速抬高，林下阴暗而往往形成较厚的死地被物，开始出现自然稀疏现象，这个阶段称为杆材林阶段。在此阶段中，林木因过密而生长纤细，易遭风雪及病虫危害，种间竞争也比较激烈，急需人为保护目的培育树种并降低密度，以促进保留树的树冠发育和直径生长，增强抗逆能力。因此，这是一个森林抚育极为重要的时期。密度预先调控适当的人工林，有时可以躲开杆材林阶段，幼林直接进入中龄林阶段。

4. 中龄林阶段

林分经过幼龄林阶段而进入中龄林阶段，森林的外貌和结构大体定型。在这个阶段，林木先后由树高和直径的速生时期转入到树干材积的速生时期，在林木群体生物量中，干材生物量的比例迅速提高而叶生物量的比例相对降低。例如：19 年生的杉木人工林的生物量中，主干生物量的比例由原来的 10%左右（3 年生）提高到 76.0%，而叶生物量的比例由原来的 30%左右（3 年生）下降到 3.3%。在这个阶段，由于自然稀疏或人工抚育的调节，林分密度已显著下降，再加上林冠层的提高，林下重又开始透光，枯枝落叶层分解加速，下木层及活地被物层恢复或趋于繁茂，有利于地力恢复和森林防护作用的发挥。因此，这个阶段是森林生长发育比较稳定，而且材积生长加速，防护作用增强的重要阶段。在这个阶段中，由林木体量增大而造成拥挤过密的过程还在延续，仍须通过抚育间伐进行调节。此时林木已可适于某些经济利用，但利用要适度，仍要以保证林分结构优化、促进林分旺盛生长为主。对林分发育和结实的调控，须视林分培育的目的而定。在一般防护林及用材林中，此阶段不需要有大量的结实，要以控制发育促进生长为导向；而在对林木结实有需求的情况下（林果兼用林、采种母树林等），要使林木生长和发育协调发展。中龄林阶段的延续时间因地区和树种而异，一般为两个龄级，在 10~40 年之间。

5. 成熟林阶段

林木经过中龄林生长发育阶段，在形态、生长、发育等方面出现一些质的变化。从形态上看，林木个体增大到一定程度，高生长开始减缓甚至停滞，树冠有较大幅度的扩

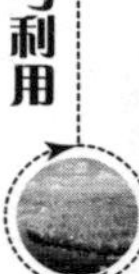

展，冠形逐步变为钝圆形或伞状，林下透光增大，有利于次林层及林下幼树的生长发育，下木层及活地被物层发育更加良好，林内生物多样性处于高峰。从生长发育上看，在林木高生长逐渐停滞的过程中，直径生长在相当时期内还维持着较大的生长量，因而材积年生长量和生物量增长均趋于高峰，并维持一段时期后才逐渐下降。林木大量结实且种子质量最好，为自身的更新创造条件。在这个阶段，林分与周围环境处于充分协调的高峰期，其环境功能无论是水源积蓄、水土保持，还是吸收和储存 CO_2、改善周边小气候环境都处于高效期。由于林分的成熟是一个逐渐的过程，成熟阶段延续相当一个时期，其前半段称为近熟林阶段，后半段为真正的成熟林阶段，共经过两个龄级，因地区和树种而异，一般为 10~40 年。成熟林阶段对于用材林来说十分重要，此时林分的平均材积生长量（生物量增长量）达到高峰，且达到了大部分材种要求的大小，可以开始采伐利用。成熟林阶段对于其他林种来说也是发挥防护和美化作用的高峰期，要充分利用这个阶段的优势并设法适当延长其发挥高效的时间。这个阶段也是要充分考虑下一代更新的重要时期。

6. 过熟林（衰老）阶段

林分经过了生长高峰的成熟阶段，进入逐步衰老的过熟林阶段。过熟林阶段的林分主要特征是林木生长趋缓且健康程度降低，病虫、气象（风、雪、雾凇、冰冻等）灾害的作用增强。林冠因立木腐朽（从心腐开始）、风倒等原因而进一步稀疏，次林层和幼树层上升，林木仍大量结实但种子质量下降。林分的过熟阶段可能维持时间不长，因采伐利用、自然灾害或林层演替而终结；也可能维持很长时间，有些树种可达 200~300 年。在这个阶段中，木材生产率和利用率降低，但木材质量可能很好（均为大径级材），森林的环境功能也可能维持在较好的状态，特别是林内生物多样性仍很丰富，因此，对于过熟林的态度，就可能因培育目的而有所不同。对于自然保护区及防护林中的过熟林，要尽量保持林木健康而延长过熟林的存在；对于用材林，则要加快开发利用以减少衰亡造成的损失。在任何情况下都要关心林分的合理和充分的更新。

以上所述的林木群体生长发育阶段只是多数森林类型的普遍规律。实际上，各地区、各树种、各种起源的森林都有其本身的特殊规律。如暗针叶林（如：云杉、冷杉、铁杉等）以异龄林为主，同一林分中同时存在处于不同生长发育阶段的林木，呈分散状或群团状分布，这样的林分当然有其自身的规律。又如一些速生树种的人工林，生长迅速，且密度预先得到调控，其生长发育的阶段性（幼树阶段很短，可能没有杆材林阶段）和林分形态（林冠的透光及林下植被的发育）又有不同的特点。

林分（林木群体）生长与单株林木的生长不同。单株林木随着年龄的增大，直径、树高及材积增加，在林木被伐倒或枯死之前材积一直在增加。而林分在其生长过程中有两种作用同时发生，即一方面活立木逐年增加其材积，从而加大林分蓄积量；另一方面，因自然稀疏或抚育间伐等使一部分林木死亡，从而减少林分蓄积量。因此，林分生长通常是指林分的蓄积随着林龄的增加所发生的变化。而组成林分全部林木的材积生长量和枯损量（间伐量）的代数和称为林分蓄积生长量。在不以木材生产为重要目的的树种中，一切器官的生物量（以单位面积的重量表示）成为比蓄积量更重要的关注点，虽然这两者是高度相关的。生物量的形成又与碳汇增长密切相关，正在成为森林生长的研究重点。

（三）森林的生产功能及其调控

1. 森林生产力形成的生理生态学基础

森林的物质生产以森林群体的光合作用为基础，从生理生态学角度看，森林生物产量形成取决于群体结构及光能利用效率、光合速率、光合产物的分配和积累、叶面积、生长期和老化过程等因素。

（1）群体结构与光能利用率

①群体结构与辐射垂直分布

太阳辐射直接影响森林的群体和个体的生长发育。树木在长期进化过程中形成了适应不同太阳辐射的类型（喜光树种和耐阴树种），并且由此形成了森林的复层结构。森林的群体结构特征，如：树种组成、密度和郁闭度、垂直层次分布、叶片倾角和叶面积指数等，对冠层内太阳辐射的分布以及冠层对太阳辐射的吸收利用率影响很大。太阳辐射在森林群体各层的分布，也影响森林优势树种的种类、森林自然整枝进程和活树冠比例。森林培育工作要在研究和掌握造林树种的太阳辐射生态生理学特性的基础上，通过造林树种的选择和林分组成与结构的配置和调整等途径，改善森林群体结构，提高森林对光能的吸收利用率，提高森林生产力。

②叶面积与叶面积指数

要获得大量光合产物及生物量积累，除了树木自身要有较高的光合效率以外，还要有足够的叶面积、合理的群体叶面积指数（LAI）及其在冠层空间内的合理分布。在一定的范围内，森林群体的光合产量随叶面积指数的增加而提高，但叶面积指数过大会导致冠层透光性下降，有效光合面积减小，群体光合产物积累减少。树种的耐阴性（主要是补偿点）不同，其森林群体最适合面积指数差异很大。混交林营造中通过合理选择和配置耐阴性不同的造林树种，适当增大群体叶面积指数，提高群体光合产量。

同一树种，森林群体的叶面积指数随密度、林龄和立地指数而变化。如：杉木人工林密度在每公顷 1000~3000 株内，叶面积指数呈直线增加；密度为每公顷 3000 株以上

时，叶面积指数增加趋势逐渐平缓。在每公顷2000~2500株范围内，叶面积指数与林分年龄的关系为 $LAI=-1.699+1.040a-0.027a^2$，其变化趋势在20年生以前呈上升趋势，20~30年呈下降趋势。叶面积指数随立地指数提高而增加。

（2）光合速率及能量分配

提高光合速率是提高人工林产量的基本途径。树木的光合速率取决于自身遗传特性和外部环境条件。不同树种之间光合速率差异很大：一般树种光合速率为5~10 $mgCO_2/(100\ cm^2 \cdot h)$，杨树、桂树等速生树种光合速率高达20 $mgCO_2/(100\ cm^2 \cdot h)$ 以上。目前还不清楚木本植物中有没有高光效的C4途径的植物，但可以肯定，通过树种选择及良种选育可以大幅提高树木的光合速率。从外界环境看，光合速率受光强、温度、湿度、二氧化碳浓度、水分及养分供应状况等因素的制约。我们既可以通过施肥、灌溉等直接措施，也可以通过群体结构对环境因子所起的再分配和调节作用，来为光合作用创造最有利的环境条件。

树木同化器官之间存在一定的补偿机制。如适当修枝虽然减少了光合同化面积，但树木的总体生长量不会减小，甚至有可能增加。同化物的运转分配具有优先分配、全株分配和重点分配三重特性，即同化器官优先利用自身制造的同化产物，并同时分配到全株各个部位，但以向下部主干和根系分配、向上部梢头分配为重点。

（3）生长期

树木生长期的长短是长期进化形成的遗传特征，对季节生长量和林地生产力都有影响。我国南方桉树几乎没有生长停止期；北方落叶松春天发芽展叶早且生长期较长，表现出很高的生产力。但常绿树种或生长期长的树种的森林生产力并不一定高于其他树种。环境条件、林分结构于树木生长期的长短也有显著影响，如：林分密度过大，树木的生长期显著缩短；过度干旱、水涝、冻害、病虫害等会延迟树木发芽，诱导提前落叶。生产中选择生长期较长的造林树种，采取必要措施防治极端环境的发生，有利于延长树木的生长期，提高森林生产力。

叶片的同化能力随叶绿素含量及酶的活性而变化。叶片的高光效持续期受自身的成熟和衰老进程影响，单个叶片的衰老过程对生长影响不大，但整个冠层的衰老对同化物的积累和产量形成有很大影响。树木生长期内顶端优势及形成层活动高峰的维持时间对生长量和生产力也有很大影响。有些树种如刺槐，速生期早，但衰退也早，且强喜光不宜密植，单位面积生产量不高；有些树种如云杉，速生期晚，但维持时期长，且耐阴适于密植，单位面积产量很高。肥水条件好、光照充足、管理集约化程度高的林地，速生阶段出现早，峰值高，速生期维持时间长。

森林中由光合作用形成的生物量并不能都积聚起来，更不可能全部被收获利用。首先，从森林生态学的基本知识已得知，由光合作用生产的有机物质形成的是粗第一性（初级）生产量，这个产量要被绿色植物的呼吸作用消耗一部分，这部分占粗生产量的1/4~1/3（热带林更高），剩下的即为可以见到的净第一性（初级）生产量。净生产量的一部分在森林生长发育过程中被食草动物（如食叶昆虫）消耗，转移为第二性（次级）生产量，还有一部分以枯落物的形式脱离，尔后被微生物分解消耗或累积在枯落层中，这两部分共占净第一性生产量的40%~70%（老龄林有时可达90%以上）。净第一性生产量扣除动物和枯落物消耗量（L）之后的为生态系统净生产量（NEP），它逐步累积，形成各个时期的生物量（现存量）。生物量（biomass）以单位面积上所有生物有机体的干重来表示，生物产量积累的速率则以生产力指标，即单位面积单位时间（通常为1年）所生产的生物量来表示。

2. 森林的经济产量和收获量

森林的生物产量对其环境功能有重要意义，但在经营上不可能全部被收获利用。森林的生物产量中有多少可被收获利用取决于经营的目的。有些经济林可能只利用生物量中的果实部分（如：油茶、板栗等），有些可能只利用部分叶子（如：茶、桑），有些则叶、果兼用（如：银杏），而用材林主要利用树干木材，有的还可以进一步利用枝丫材（如：纸浆林、能源林），材果兼用林可以兼用干材和果实（如：红松、核桃）。人们曾经设想全林利用，甚至利用根，但理论和实践证明，森林生态系统需要有相当部分有机物参加物质循环，以保持其可持续状态。因此，经济产量或收获量只能是生物产量的一部分，这部分的大小取决于林分的结构状态。用材林的干材蓄积量与生物产量之间存在一个转换经济系数，一般在0.30~0.70之间，温带林及成熟林的系数较高，而热带雨林及中幼龄林的系数较低。

对于一般的用材林，干材蓄积量不可能全部收获利用。在造材过程中通常把伐桩、梢头和枝丫都留在林地上。在工厂中加工成材时边角料作为能源利用，真正作为成材利用的也只是干材的一部分。出材率的大小取决于干材的质量（通直度、饱满度、缺陷等），用材的规格及一系列工艺因素。

3. 森林的生产力水平

森林的生产力是以单位林地面积上单位时间内所生产的生物量表示的，这个指标具有重大的经济和生态意义。森林生产力的高低取决于一系列自然因素和人为因素的综合。为了方便分析，可以把森林生产力区分为森林的潜在生产力和现实生产力两个概念。森林的潜在生产力可以理解为在一定的气候条件下森林植物群落通过光合作用所能达到的最高生产力，也可称为气候生产力。形成气候生产力的约束条件是自然森林植被与此气候条件相适，而且其他条件都处于最佳状态。但实际上在同一种气候条件下存在

不同的地质、土壤、水文等立地条件，森林生产力必然受立地条件的制约。因此又可进一步从气候与立地结合的角度来分析森林的生产潜力，可称为气候—立地生产力。现实生产力是指现存的森林植被所具备的实际生产力，它往往低于气候—立地生产力，这也正是通过人为的培育措施提高森林生产力的潜力所在。个别时候，一些速生树种经过遗传改良可生产出高于气候生产力的现实生产力，这表明在提高光能利用率方面高新技术与传统技术的结合还大有可为。

以生态系统的生物量增长来说明生产力水平是科学合理的。但是对于森林生态系统来说，有关生物量的研究历史还不长，积累的资料远远不够。传统林业都以林分干材蓄积量的增长来表示生产力，这方面的工作已有两三百年的历史，积累了大量资料。而且对于用材林来说，干材蓄积量（以体积表示）仍然大有用途。对于一些具体森林来说，在干材蓄积量和生物量之间的关系相对稳定，存在一定的转换系数。

4. 维持和提高森林生产力的途径

提高森林生产力是一项长期艰巨的任务。一些林业较发达的国家用了上百年的时间才把在资本主义发展初期破坏的森林恢复到较为先进的水平。我国的森林破坏历史更长，程度更深，要恢复自然不易。

提高森林生产力首先要选择适当的育林方式。选择培育天然林或人工林及其过渡类型的方式要依据林地的具体条件（原有植被状况、有无天然更新可能、立地限制、特定的培育目标等）而定。但无论是天然林还是人工林，都有提高生产力的潜力，有 3 条共同的途径，即遗传改良、结构调控和立地调控。

遗传改良是一条首要的基本途径。森林培育要求有更高的适应性、稳定性和多样性，因此与一定自然条件长期适应的天然林木种群是最好的良种来源。在采用不同层次的良种选育（母树林、种子园、采穗圃、杂交育种、转基因技术应用等）时，我们并不追求全部森林的栽培化。虽然不同层次的良种应用可能带来不同程度的遗传增益，在提高森林生产力方面能发挥重要作用，但是它们往往只能用于局部应用范围，如：速生丰产林和经济林的营造等。在天然林培育中采用伐劣留优的抚育措施实际上也在调整改善林木的遗传结构，在不破坏遗传多样性的前提下提高林分的产量和质量。

森林结构的调控在森林培育中应用广泛。森林的树种组成、空间结构（密度、配置、层次）和年龄结构（同龄或异龄、世代轮替），对森林调控利用环境条件，协调林木个体和群体的生长发育起着重要作用。林分结构调控与农作物群体结构调控有相似性，但林分的体量高大、培育期长、立地差异大、培育目标多样，在调控方法与手段上有很大的特殊性，更多着重于种间关系的调节——对自然分化及人工选择（间伐）的依赖，对多层次培育的追求，以及使林分结构与立地相适应的基本要求等。保护生物多样性始终是调控林分结构的重要原则。

立地的选择和调控是提高森林生产力的第三条途径。培育森林首先要选择适于森林生长的立地，不同的立地适于培育不同的树种。培育高生产力的森林，要有较严格的立地选择。有些立地有一定的缺陷，如：土壤过于紧实、缺乏某种养分、土壤水分季节性不足或过多，这可以通过一定措施（整地、垦复、施肥、灌溉或排水）加以适度改变，从而促进森林生产力的提高。但这些立地改良措施有一定的技术和经济局限性，在森林培育中要更加注重顺应自然，不提倡不顾代价与自然立地相对抗的做法。

随着森林培育进程的发展，林业生产上出现了如何维持森林生产力的问题，也就是森林的长期生产力问题，在一些国家进入培育第二代或第三代人工林阶段后就突显出来。我国在20世纪90年代后，特别是在杉木速生丰产林培育地区，也出现了同样的问题，即人工林经过1~2次轮伐期后，林地生产力出现了递减现象。大多数研究认为，培育人工速生（轮伐期短于20~30年）针叶纯林1~2代后，林地生产力出现了显著下降（1~2个立地指数级）；也有研究发现，如果方法得当，加上新的遗传改良措施，也可能不出现生产力世代递减现象。造林前炼山整地、全垦引起的造林初期水土流失，林地过于郁闭，下木及活地被层发育不良，林下枯枝落叶层分解较慢等是生产力递减的主要作用因素。

二、造林树种选择

（一）树种选择的意义

树种选择的适当与否是造林成败的关键因子之一。树木是多年生的木本植物，它能在几乎没有人为保护的条件下存活和繁衍，必须具备抗御一切意外灾害，包括百年不遇的寒冷时期、灾害性风暴、罕见的病虫害蔓延等多变环境条件的能力。如果造林树种选择不当，首先是造林后难以成活，浪费种苗、劳力和资金；其次就算造林成活，人工林长期生长不良，也难以成林、成材，造林地的生产潜力难以充分发挥，无法获得应有的防护效益和经济效益。我国是造林大国，在人工林培育方面取得了举世瞩目的成就。

由于林业生产的长期性、造林目的的多样性、自然条件的复杂性及经营管理的差异性，使得造林树种选择成为带有百年大计性质的事情，必须认真对待，谨慎从事。

造林树种的选择是一个古老的话题，在我国古代就已经有了比较深入细致的认识和记载，其中有不少与现代的理论与实践十分符合，例如，1300年前的《齐民要术》就提出了“地势有良薄，山泽有异宜，顺天时，量地利，则用力少而成功多，任情返道劳而

无积”的思想。此后许多农书也有类似的记载。这些与今天提倡的“因地制宜，适地适树”的树种选择原则几乎是完全一致的，但现代科技进步使我们选择树种的依据更加充分，选择方法更加科学、合理。

（二）树种选择的基础

我国树种资源极其丰富，有木本植物8000余种，其中仅乔木有2000余种，而乔木树种中的优良用材和特用经济树种达1000余种，还有引种成功的国外优良树种约100种。由于树种的多样性及其特性的复杂性和自然条件的多变性，加上我国在生物基础科学的研究和资料积累还不够，总的来说，按照树种的特性选择造林树种，除了为数不多的树种外，实施起来还有相当大的难度。当前，造林树种选择的依据和基础主要是树种的生物学特性、生态学特性和林学特性。

1. 生物学特性

树种的生物学特性主要包括树种的形态学特性、解剖学特性和遗传特性等。树体高大的乔木树种需要较大的营养空间，木材和枝叶的产量比较高，美化和改善环境的效果较强大，适宜作为用材林、防护林、风景林和国防林等特种用途林，乔木树种同时也要求较好的立地条件。光合产物在树木各部位的分配也有差异，主要集中在树干的树种适宜于作为用材林，光合产物虽高但枝叶部位占的比重较大者可以作为薪炭林和特种用途林；树体虽不高大，但是树形、枝叶、树皮美观，或花和果的颜色、气味具有特色，可以作为风景林；树叶硕大，一般叶面的蒸发量大，对土壤水分条件的要求比较高；叶表面的气孔下陷、角质层发达，往往是对于干旱条件比较适应的特点；主根发达，侧根比较少，要求深厚的土层，须根系发达的树种比较耐干旱贫瘠；有些树种组织细胞液的渗透压高，或有泌盐的功能，说明它具有较强的抗干旱和盐碱的能力。

需要指出，这里的树种概念是广义的，应该包括树种、种源、家系和无性系。树种选择的生物学基础应理解为造林树种的遗传控制，树种选择应尽可能吸收树木遗传改良的最新科技成果。例如，新中国成立后，我国先后培育和引进的群众杨、北京杨、合作杨、沙兰杨I-214杨和I-72杨等杨树品系；杉木、马尾松、落叶松等40多个树种的种源试验选出的优良种源及种子区划成果；种子园、母树林和采穗圃培育出的优良种质材料。

2. 生态学特性

树种的生态学特性是指树种对于环境条件的需求和适应能力。由于历史的长期适应性，各个树种形成特有的生态学特性。

树种对于环境条件的需求，主要表现为与光照、水分、温度和土壤条件的关系。树种与光的关系主要表现为耐阴性、光合作用特性和光周期。耐阴性是指树种在浓密的林冠下生存和更新的能力，据此可把树种分为喜光树种和耐阴树种。选择树种时，根据树种的需光特性可以将其安排在适宜的立地条件下，如喜光树种常作为造林的先锋树种或适宜在阳坡种植。树木耐阴性的生理基础在于其光饱和点、光补偿点、光合速率和光周期及与其他因子的关系。不同树种对热量的要求不同，这与其水平分布和垂直分布有关，分布得越靠北，海拔越高，对热量的要求越低。以我国的松属树种为例，樟子松、偃松、西伯利亚红松最耐寒，其次是红松，它们都属于寒温带树种；油松、赤松、白皮松有一定的耐寒性，属于暖温带地区的树种；而乔松、云南松、马尾松要求热量比较高，属于亚热带树种；海南五针松、南亚松要求热量很高，属于热带树种。

由于各树种生活在一个高度有机联系的森林生态系统中，所以对造林树种的评价、判断和选择应以森林群落——生态系统为基础。

应注意树种的生态幅度和生理幅度是有区别的。如：有些松属中的喜光树种分布范围非常广，适应性比较强，比耐阴树种的耐旱性强，但在森林群落里，由于树种竞争的群落影响，它的生理幅度受到限制，表现为山毛榉林分布区内的松树分布呈稀疏状，而在无遮阴的干燥极限立地由于无竞争而成片密布。

（1）自然分布区

树种的自然分布是判定和选择树种的基础依据。首先，应用综合的植物地理和植被史知识确定一个树种的自然分布区。自然分布区可以反映出一个树种的生态结构，即环境和竞争中诸因子的综合影响效果，同时也反映出树种的生态适应能力。在进行分布区的分析时，首先应弄清整个分布区的地理性质、分布区的类型（封闭或间断）和分布区界的形成状况（清晰或含混不清）。在占有分布区资料的基础上就可回答有关问题：如中心分布区，最大分布区；树种在植物地理学方面的有关数值：如生长量及它的平均分布和临界分布。当然，今天所形成的树种关系和区域分布，其原因不能仅仅依据现存的环境条件来解释，必须认识到现存的分布区是冰川期变迁的过程中各群落交错竞争与发展及人为长期影响的结果。如：水杉是我国特产稀有的珍贵树种，天然分布于湖北利川县、重庆石柱县以及湖南西北部龙山县等地，集中分布区仅在 600 km^2 的范围内，后来受到广泛引种栽培。引种成功说明水杉在地质年代上曾经是广域分布的，在其遗传性中保留了较广泛的适应能力。

（2）外来树种

从分布区以外引入的植物称为外来种。尽管乡土树种继承了长期适应该地区的环境并有利于自身更新，但不一定具有高的生产率、直干性或符合栽培目的的其他属性，所以引进外来树种也是必要的。世界各地都在积极引进外来树种，有些已经取得成效，甚

至在当地的森林培育中占据了非常重要的地位。例如，北美西海岸的许多针叶树被引种到西欧同一海拔高度的地区已经获得显著成功；新西兰从美国引进的辐射松已作为全国的主要造林树种；我国引进的桉树和杨树已分别作为南方和北方的主要造林树种，并形成林业的支柱产业；刺槐作为外来树种引种已久，现在我国基本驯化，表现良好，生产中广泛采用。

当然，引种中还须重视生态安全性，避免生物入侵造成危害。入侵树种可能会对生态环境、经济发展、社会和文化等多方面产生影响。例如，原产南美洲的灌木马缨丹在印度南部林区已经导致乡土树种的减少，进而影响当地农民的日常生活，该树种目前在我国四川攀枝花地区已开始大规模自然扩散。南非曾对入侵树种对于自然生境的影响进行量化分析，发现入侵树种会导致局部生物多样性大量减少，并妨碍集水区内的自然径流，进而影响干旱地区水源供应。在全球入侵性物种（ISSG）数据库中，122 种入侵性生物物种中有 8 种是树木，约占总数的 6. 6%。

3. 林学特性

林学特性主要是指可以组成森林的密度和形成的结构，从而形成单位面积产量或达到主要培育目标的性质。

由于树种的生物学和生态学特性不同，加上培育技术水平的差异，导致树种的林学性质出现多样化。如：有些树种个体生长良好，单株产量可较高，但由于喜光强烈、地下或者树冠分泌有毒物质而产生“自毒”效应，不宜进行成片栽培或大面积栽培；有些树种因树冠紧束、郁闭度小，难以形成高质量的森林环境；当同一林分须搭配两个以上树种时，树种之间会出现不同的相互关系。

（三）树种选择的原则

选择造林树种的基本原则分为经济学原则和生物学原则。经济学原则是指满足造林目的（包括木材和其他林产品生产、生态防护、美化等）的要求，即满足国民经济建设对林业的要求；生物学原则是指树种的特性能适应造林地的立地条件的程度。这两个原则是相辅相成的，不可偏废。满足国民经济建设是造林的目的，如果达不到这个目的，树种其他方面的性状再好也是无用的，用这样的树种造林是失败的；而如果违背了生物学的基本规律，选择树种本身所具有的优良性状在这样的条件下也不能表现出来，不能达到造林目的。

1. 经济学原则

造林目的是与经济原则紧密结合在一起的。尽管衡量和预测育林成果中使用的经济技术属于森林经理学和林业经济学的内容，但经济学原则对于正确选择造林树种和育林措施是必不可少的基础知识。

对于用材林来说，木材产量和价值是树种选择的最客观的指标。由于不同的树种在种子来源、苗木培育及其他育林措施方面的成本不同，木材价值不同，所以所得收益是不同的。由于森林的许多收益在育林投入多年以后才能收获，所以育林的理财问题是一个独特但重要的问题，即不仅要比较不同树种（及所需的育林措施）所产生的价值，而且要比较收益所需时间的不同而投入的成本。如：不同树种对病虫害的抵抗能力不同，防治费用也不同，都应计入成本。在造林整地时投入 1 元，在林木生长过程中病虫害防治中投入 1 元，和在木材收获时投入的 1 元是不同的。假定轮伐期分别为 3 年、10 年、50 年的树种，每公顷平均生产的木材价值虽然均为 1000 元，但是实际的收益是不同的，也就是说对于这样的方案的选择，要用复利的方法比较其收益，就像在银行的储蓄一样。所用的利息常与预计的风险、投资者从各种投资中可能得到的复利利息等情况有关。利率不包括银行存款的利息中由于通货膨胀所做的补贴。

2. 林学原则

林学原则是一个比较宽泛的概念，包括繁殖材料来源、繁殖的难易程度、组成森林的格局与经营技术等。尽管繁殖方法和森林培育的其他技术随着现代科学技术的进步发展很快，但是造林树种的选择需要有前瞻性，且必须与当前的生产实际相结合。繁殖材料来源的丰富程度和繁殖方法的成熟程度，直接制约森林培育事业的发展速度。随着科技进步和发展，组织培养和生物技术使得原本比较缺乏的繁殖材料在相对短的时间内丰富起来；扦插难以生根的树种，由于应用多种化学制剂进行处理，扦插生根率和成活率大幅提高，从而丰富了繁殖材料来源。当然、在考虑技术问题时必须与经济问题紧密结合，新技术应用的投入与产生的效益要达到合适的比例。

3. 生态学原则

森林培育的全过程必须坚持生态学原则。森林是一个生态系统，造林树种是其重要的组成部分，因而树种的选择必须作为生态系统的组成部分加以全面考虑。坚持生态学原则，需要考虑以下三个方面：

①立地的温度、湿度（水分）、光照、肥力等能否满足树种的生态要求。②生物多样性保护是森林培育的重要任务，而造林树种的选择是执行这一任务的基础与关键，树种的选择必须坚持多样性原则。越是条件好的立地，越适宜选择较多的树种，以营造结构较复杂的森林，发挥更好的生态效益和生产潜力。③树种选择应考虑形成生物群落中树种之间的相互关系，其中包括引进树种与原有天然植被中树种的相互关系，也包括选择树种之间的相互关系。这是因为在混交林中，各树种是相互影响和作用的，树种选择要考虑人工林的稳定程度和发展方向，以及为调节树种间相互关系所需要的付出。

第二节　森林保护

一、指导思想与方针

确立以生态建设为主的林业可持续发展道路，建立以森林植被为主体、林草结合的国土生态安全体系，大力保护、培育和合理利用森林资源，构筑生态屏障。通过管好现有森林资源，扩大保护区范围，抓好封山育林，增加森林资源，增强森林生态系统的整体功能，增加林业职工收入，使林业更好地为国民经济和社会发展服务。

二、森林资源保护与发展目标

通过严格保护、积极培育、保育结合、休养生息，实现天然林资源有效保护与合理利用的良性循环。尽快扭转天然林生态系统处于逆向演替的局面，逐步扩大天然林保育实施区域，继续加强对天然林资源的管护；利用封山育林促进天然林生态系统的恢复和加速其恢复与发展演替的进程。根据不同地区的自然条件，因地制宜地选择人工培育措施；对自然条件优越，已处于顶极状态的天然林，应加强管护，充分发挥其生态功能；对破坏较为严重、恢复与发展缓慢甚至逆向演替的天然林，应采取人工促进天然更新和加强抚育等措施，以加速其进展演替的进程。在保证森林生态系统完整的前提下，保证生态系统和生物物种的恢复和发展，实现基因、物种和生态系统的多样化。

三、森林有害生物防治目标

在加速促进可持续发展林业生态工程建设的基础上，积极探索研究和发展可持续减灾、控灾的森林生态系统经营机制；按市场规则制定相适应的政策，在灾害监测及控灾体制上，充分发挥省级森防部门的积极性，强化中央的宏观管理职能，提高群众参与防灾减灾的积极性；开展对重大森林病虫害的早期监测、预报和严格的检疫工作，早期控制，促使灾害控制在一个可以接受的水平。逐步建立和完善国家外来入侵物种的数据库信息共享技术平台；构建主要外来入侵物种的预防预警技术与快速反应体系；构建定量风险评估的技术与方法；建立野外监测技术方法与系统；发展持续治理的技术与方法，使主要外来入侵生物的危害与蔓延得到有效遏制。

四、森林防火目标

通过建立和健全严密的森林防火管理组织体系、准确的林火预测预报体系、现代化的林火监测体系、强大的森林火灾扑救体系、发达的森林航空消防体系、科学的森林可燃物管理体系、完备的林火阻隔体系、通畅的信息传输与处理体系、科学的林火评估体系、高素质的森林消防队伍体系、有创造力的森林防火科研体系和高效的森林防火专业培训体系十二大系统，全面提升森林消防的综合能力，降低森林火险，提高林火管理水平，实现林火监测无死角、林火信息传输无盲区，从而使特大火灾得到有效控制。

五、森林资源生态保护

为实现森林资源保护发展目标，需要进一步加快森林资源培育，增加森林资源总量，提高森林资源质量，改善森林资源结构，增强森林生态系统功能，确保森林资源持续快速、协调健康发展。

（一）建立健全法律法规体系

加强林业法律法规体系建设，完善森林资源管理和保护的行政制度，使森林资源发展建立在法制的基础上。一是要加快林业立法工作，抓紧制定天然林保护、国有森林资源经营管理、森林林木和林地使用权流转、林业工程质量监管、林业重点工程建设、公益林补偿等方面的法律法规，并根据新情况对《中华人民共和国森林法》等相关内容进行修订。二是提高林业综合执法能力，强化执法机构和队伍建设，依法加强森林防火、森林病虫害防治和自然保护区、野生动植物保护管理工作。加强林业执法监管体系，充实执法监督力量，改善执法监督条件，提高执法监督队伍素质。三是健全林业行政决策责任制度，合理划分中央和地方政府森林资源保护发展的事权，继续落实领导干部保护发展森林资源任期目标责任制，实行任期目标管理，把责任制的落实情况作为干部政绩考核、选拔任用和奖惩的重要依据，建立重大毁林案件、违规使用资金案件和工程质量事故责任追究制度。四是进一步加大执法力度，严厉打击乱砍滥伐林木、乱垦滥占林地等违法犯罪行为，巩固森林资源培育成果。五是进一步提高全民族依法保护森林资源和生态环境的意识，为依法治林奠定基础。加强林业法律法规体系建设，推进依法治林，使森林资源保护与发展建立在法制的基础上，真正做到有法可依、有法必依、执法必严、违法必究。

（二）全面完善林业基础设施的建设

在发展森林资源的时候，林业基础设施的建设在其中占据着十分关键的地位，因此相关林业工作人员的办公条件需要得到有效的改善，在配备先进的仪器设备的同时，需要更加积极地构建起科学示范地点和森林资源的保护措施去全面推广，并有效地防治森林中所出现的有害生物。同时，还需要对林业的建设需求去充分地考虑，不断地完善木材检查站和林业调查队伍及林场管护站等方面的建设。如果想更好地增强对森林资源保护的效果，就需要给那些在基层林业中的工作者提供更加理想的生活条件，同时在工作站相关信息网站的建设中加大资金的投入力度，以此来确保信息传递的及时性，逐渐地促进信息化的全面建设。还需要组建专门的扑火队伍，完善森林防火方面的通信网络，并配备普及现代化的火情信息系统，通过这样的方式实现在火灾发生时的防火指挥，让火灾扑救能力可以全面提高。最后，在林业布局和设计上，多引进外国先进的品种，在不同的地域种植适合的品种。比如，在气候恶劣的地方种植抗逆性较强的品种，以此进一步改善生态环境，缓解环境压力。

（三）宣传保护森林资源的重要性并增强生态保护的意识

在实际宣传的时候有很多宣传方式可以使用，电视广告、广播及网络宣传都是可以利用的方式，利用这些宣传方法来确保森林资源保护的重要性可以得到全面宣传。领导干部要积极深入到基层群众当中，让人们不断地增强森林资源保护的意识，并让其明白如果想更好地推进经济建设，需要首先进行生态环境的建设，从而让所有人都可以参与到生态环境建设之中。

（四）加快森林资源培育步伐

大力培育森林资源，不断增加森林资源数量，是加强生态建设、维护生态安全、建设生态文明社会的重要基础，也是实现自然保护区可持续发展最根本、最紧迫和最有效的措施。森林资源数量多、质量高是建立完备的森林生态体系和发达的林业产业体系的基础和根本。以森林可持续经营为手段，在增加森林资源总量的同时，努力提高森林资源质量，加快建立和培育高质量的森林生态系统，满足社会日益增长的生态和林产品的需求。一是加强对封山育林的管理，通过补植、移植等手段，促进幼苗生长，提高成活率和保存率，有效增加森林的后备资源；二是调整林业投资结构，加大森林经营投入，大力组织开展森林抚育和低质低效林改造，改变树种结构单一、生态功能低下、林地生产力不高的状况，提高林木单位面积蓄积；三是引进先进的管理方法、管理理念，以质量为先导，实行全过程的质量管理，逐步实现森林资源保护管理科学化、规范化。

（五）加大资金投入

继续保持并逐步加大对保护区建设的投入力度，根据保护区建设的特点，增加对保护区的财政和金融支持，实行长期低息甚至无息的信贷扶持政策。在各级政府不断加大林业投入的基础上，要积极争取来自国际组织、外国政府及民间组织的各种无偿资金和优惠贷款，拓宽林业投融资渠道。认真落实国家对林业各项税费优惠政策，切实减轻林业经营者的负担。将森林资源保护管理和重大林业基础设施建设的投资纳入本级政府的财政预算，并予以优先安排。将森林生态效益补偿基金分别纳入中央和地方财政预算，并逐步增加资金规模，逐步规范各项生态公益林工程建设的造林补助标准。

（六）发挥当地优势特色，增加收入来源的多样性

首先需要做的是大力地发展林业经济，系统地、有规划地对林业资源进行开发，促进林业产业化发展。比如，对当地特色的农产品加以利用，利用特色农产品来对优势产业进行强化，提供优质无害的产品，在实现生产规模扩大的同时建设集中的生产基地。另外，要增强人们保护森林资源与生态环境建设的意识，还可以大力发展具有农村特色的林产品制造业与旅游行业，再配合着森林观光，实现收入多样化的同时调整农村收入的构成，让林业经济逐渐地走向良性发展的道路。

（七）深化管理体制与机制改革

林业体制改革是加快林业发展的关键，是调动社会各界投入林业建设积极性的重要基础。推进森林资源管理的改革，创新森林资源管理机制，需要做到：一是稳妥推进自然保护区森林资源管理体制改革，建立权责利相统一，管资产和管人、管事相结合的森林资源管理体制，使自然保护区的森林资源得以有效恢复，促进林区生态、经济和社会的协调发展；二是采取严厉措施，加强林地、林木、林权及征占用林地管理，认真执行登记发证制度；三是强化各保护站森林资源管理职能，稳定林业执法队伍，加强森林资源管理队伍建设，增强依法行政能力。

（八）加强森林资源保护与发展的科技支撑

科学技术特别是高新技术的发展给林业科学研究带来了新的机遇和挑战，世界各

国正在不断将各项高新科技成果应用于林业生产和实践，“3S”技术使森林资源管理迈上了一个新台阶。今后，科学技术特别是高新技术和交叉科学技术，如：生物技术、信息技术和新材料技术在林业各个领域的应用将日益广泛，并将进一步推动林业的发展。要加大森林病虫害防治的科研和技术推广力度，切实抓好森林病虫害的监测、预报和防治工作；建立健全外来有害生物预警体系，防止境外有害生物的侵入和国内危险性病虫害的异地传播；积极开展对森林资源动态监测技术与方法的研究，不断增强对森林资源逐级监督、动态监测和及时预警的能力；对林木重大病虫害防治、森林资源与生态监测、种质资源保存与利用、林火管理与控制、主要经济林产品加工转化、森林资源可持续经营的标准和指标，以及森林生态系统经营管理等方面的研究应大大加强。

（九）开展森林资源生态环境修复工程

山、水、田、林、路、湖、草是一个生命共同体，既要花大力气治理绿化国土，同时对破坏后的或脆弱的生态环境进行修复，政府应加大投入，吸收民间资本，利用各种方式方法大力绿化国土，大力开展义务植树活动，打造一个安全的森林生态屏障，同时对脆弱的及破坏后的生态实施修复工程，实行封山禁牧、封山育林，加快荒山荒漠的绿化，加快城市美化绿化进程，加快农村乡镇绿化美化，最大限度地控制林地的征占用，把退耕还林工程及天然保护工程有机地结合起来。

（十）打造森林旅游休闲产业

森林旅游是现代旅游方式之一，与人文旅游不同，森林旅游的主要客户群体来自自然生态旅游的客户群，这类客户更倾向于自然环境，享受自然带来的舒适心情，陶冶情操。森林旅游观光是以优质的森林资源作为基础，建设森林公园，打造集森林资源观光、度假休闲、娱乐餐饮于一体的体验式旅游。游客在旅游过程中，除了能够感知自然风光所具有的魅力之外，还能够形成尊重自然保护自然的高尚情操。森林旅游的发展，除了帮助农民形成森林资源保护理念，带动周边地区的就业，还带动林区群众积极参与森林保护和生态环境治理，真正是一举两得。近年来，旅游人次逐年递增，彰显了森林旅游的魅力。

森林资源及生态保护工作是可持续发展、生态文明的必然要求。除了加强对森林资源的监管和生态保护外，我们还要充分发挥森林资源优势，适度开发利用森林资源，让森林发挥最大利于国家、利于社会、利于人民的生态效益和经济效益。

第三节　木材生产与利用

一、木材生产作业的特点和基本原则

（一）木材生产作业的特点

1. 木材生产具有获取林产品和保护生态环境的双重任务

森林当中具有国民经济和人民生活必不可少的木材和各种林产品，开发林产品是森林作业的目的之一。然而，森林也是陆地生态系统的主体，是由乔木、灌木、草本植物、苔藓及多种微生物和动物组成的有机统一体。森林不仅提供各种林产品，还具有涵养水源、防止水土流失、调节气候、净化大气，保健、旅游等多种生态效益。森林生产的木材在有些方面可以用其他材料代替，如：钢材、水泥、塑料等，而森林的多种生态效益不能由其他任何物质所代替。森林的生态效益只有在森林生态系统保持平衡而且具有很高的生产力的条件下才能充分发挥。因此，森林作业必须考虑对生态环境的影响，把对生态环境的影响控制在最低限度。

2. 木材生产作业场地分散、偏远且经常转移

森林资源的特点是分散地生长在广阔的林地上，单位面积的生长量较少。以木材为例，如把 1 hm^2 上生长着的 300 m^3 木材均匀地散铺在林地地面上，其厚度仅有 3 cm。而像煤炭、矿石和石油等工业资源的单位面积上蕴藏量则比木材大几十倍至几百倍。正是由于这一特点，使得木材生产作业地点年年更换，经常移动，而且分散于茫茫林海中。木材生产不能像矿山和石油工业那样建立厂房，实行相对稳定的固定作业。因此，森林作业对作业设备、作业组织都有着更高的要求。

3. 木材生产受自然条件的约束影响大

木材生产作业均在露天条件下进行，受风、雨、温度和山形地势等自然条件的影响较大。我国北方林区冬季寒冷，最低温度可达-50℃，积雪深厚。南方林区酷热，尤其是沿海林区，常受台风侵扰。这些都给森林作业造成不利影响。在作业点，局部复杂且险要的地形也增加了作业的难度。因此，森林作业具有很强的季节性、随机性。应本着“适天时、适地利、适基础”的原则，充分利用有利季节，适当安排各季节的作业比重。此外，森林作业机械不但应易于转移，而且应有对自然条件的高度适应性，如在高温、

低温条件下正常工作的性能等。

4. 木材生产应保证森林资源的更新和可持续利用

森林资源是一种可更新的资源，只要经营得当完全可以做到持续利用。关键是在森林作业中要保护林地土壤条件、森林小气候条件等，不破坏生物资源的更新条件。木材生产要根据不同的林相条件，确定合理采伐量、采伐方式、集材方式、迹地清理方式等。此外，还应充分利用木材生产的各种剩余物及森林的多种资源，通过提高效益达到节约资源的目的。

5. 木材生产劳动条件恶劣，劳动防护和安全保护十分重要

对于任何一种作业来说，劳动力是关键因素。劳动力状况影响作业的效率、成本、安全和作业质量。由于森林作业的劳动条件恶劣，劳动防护和安全保护就显得更为重要。研究表明，劳动者的生理负荷和心理负荷与作业设备和作业环境有密切的关系。作业环境如温度、湿度、地势等直接影响森林作业人员的劳动负荷。作业设备的影响主要体现在振动、噪声及有害气体对作业人员的影响上。

（二）木材生产的基本原则

1. 以人为本

森林采伐是最具有危险性和劳动强度最大的作业之一。关键技术岗位应持证上岗，采伐作业过程中应尽量降低劳动强度，加强安全生产，防止或减少人身伤害事故，降低职业病发病率。

2. 生态优先

森林采伐应以保护生态环境为前提，协调好环境保护与森林开发之间的关系，尽量减少森林采伐对生物多样性、野生动植物生境、生态脆弱区、自然景观、森林流域水量与水质、林地土壤等生态环境的影响，保证森林生态系统多种效益的可持续性。

3. 注重效率

森林采伐作业设计与组织应尽量优化生产工序，加强监督管理和检查验收，以利于提高劳动生产率，降低生产作业成本，获取最佳经济收益。

4. 分类经营

采伐作业按商品林和生态公益林确定不同的采伐措施，严格控制在国家和行业有关法律、法规、标准规定的重点生态公益林中的各种森林采伐活动，限制对一般生态公益林的采伐。

5. 资源节约

在木材资源的采伐利用中应该坚持资源开发与节约并重，将资源节约放在首位，以提高森林资源的利用效率为核心。这不仅是因为木材资源稀缺，供需矛盾尖锐，而且因为森林具有重要的生态功能，即使是人工用材林也具有涵养水源、调节气候、固定二氧化碳、缓解温室效应的功能。

二、伐区木材生产工艺类型与特点

伐区木材生产指的是对已经成熟的林木，通过采伐、打枝、造材、集材、归楞、装车等作业，将立木变成符合国家标准的原木，并归类运输出伐区的作业过程。

（一）伐区木材生产工艺类型

伐区木材生产工艺类型是以集材时木材的形态划分的，根据集材时木材的形态，可以划分为：原木集材工艺、原条集材工艺和伐倒木集材工艺。各种工艺的作业程序如下：①原木生产工艺——采伐、打枝、造材、原木集材、归楞、装车、清林。②原条生产工艺——采伐、打枝、原条集材、归楞、装车、原条运材、清林。③伐倒木生产工艺——伐木、伐倒木集材、装车、伐倒木运材、清林。

（二）伐区木材生产工艺的特点

1. 原木生产工艺

原木集材方式容易选择，通过性能好，集材时有利于保护保留木和幼树，集材成本低，有利于运材。但地形不好的情况下，影响造材质量。此外，劳动生产率低，适合于木材生产量少、森林资源零散分布的情况。

2. 原条生产工艺

原条生产工艺，造材作业移出伐区，改善了作业环境，有利于造材质量的提高。但对环境的不利影响表现在：如为择伐或渐伐，对保留木影响较大。集材设备要求较大功率，由于原条较长，采用半拖式集材，对地表破坏较大。采用大功率的集材设备，集材道破坏严重，产生水土流失和土壤压实。

3. 伐倒木生产工艺

伐倒木生产工艺能够提高木材利用率，并且节省了清林费用。但对保留木破坏较大，需大功率集材设备。此外，全树利用移走了林地的养分来源，不利于林地生产力的恢复。

三、木材生产的准备作业与森林环境保护

伐区木材生产的准备作业主要包括：楞场和集材道的修建，生活点和物资的准备等。

（一）林木采伐许可证

实行凭证采伐是世界各国科学经营利用森林的一项重要经验。只有采伐量不超过生长量，才能保证森林的可持续利用，并保证其生态功能的持续发挥。采伐证规定了采伐的面积和出材量，有效控制了采伐者超量采伐、超量消耗的行为，是保证森林资源持续利用的重要措施。

我国有关森林采伐许可证的法律规定包括：1. 国家根据用材林的消耗量低于生长量的原则，严格控制森林年采伐量。国有的林木以国有林业企业事业单位为单位，集体和个人所有的以县为单位，制定采伐限额，汇总报国务院。2. 年度木材生产计划，不得超过批准的采伐限额。3. 成熟的用材林根据情况采取择伐、渐伐、皆伐。皆伐应严格控制，并在当年或第二年完成更新。4. 防护林和特种用途林只进行抚育和更新性质的采伐。5. 采伐林木必须申请采伐许可证，按许可证规定采伐。采伐许可证由县级以上林业主管部门批准。农村居民采伐自留山和个人承包集体的林木，由县级林业主管部门或委托的乡、镇人民政府颁发采伐许可证。6. 审核部门不得超采伐限额发放采伐许可证。7. 申请采伐许可证，必须提出采伐目的、地点、林种、林况、面积、蓄积、采伐方式和更新措施。8. 采伐林木的单位和个人必须按采伐许可证规定的面积、株数、树种、期限完成更新造林，更新造林的面积和株数不得少于采伐面积和株数。9. 有下列情况的，不得核发林木采伐许可证：A. 防护林和特种用途林进行非抚育或更新性质的采伐；B. 封山育林区；C. 上年度采伐未完成更新造林任务的；D. 上年发生重大滥伐案件、森林火灾、大面积病虫害未采取改进措施的。10. 盗伐和滥伐林木承担法律责任。11. 修建林区道路、集材道、楞场、生活点等所需采伐林木须单独办理采伐许可证。

林木采伐许可证的主要内容包括：1. 采伐林分起源；2. 林种；3. 树种；4. 权属；5. 采伐类型；6. 采伐方式；7. 采伐强度；8. 采伐面积；9. 采伐蓄积；10. 采伐量中，商品材、自用材、烧材的数量；11. 采伐期限；12. 更新期限；13. 更新树种；14. 更新面积；15. 发证机关、领证人等。

林木采伐许可证规定了采伐的范围地点，避免了采伐者采好留坏、采大留小、采近留远等短期行为的发生，有利于科学经营和合理利用森林资源，促进采伐迹地及时更新，做到越采越多，越采越好。

伐区设计质量是核发采伐许可证的重要条件，能促使采伐者加强伐区管理，提高伐区作业质量。

更新跟上采伐是申请采伐许可证的前提，能够从制度上促使采伐者，必须保质保量完成更新任务，使更新跟上采伐。

林木采伐许可证有利于保护和改善森林生态环境，充分发挥森林的多种效益；有利于保护森林、林木所有者和经营者的合法权益。

（二）缓冲区设置

伐区内分布有小溪流、湿地、湖沼，或伐区边界有自然保护区、人文保留地、野生动物栖息地、科研试验地等应设置缓冲区。此外，以下两种情况也应划出缓冲地带或保留斑块：一是伐区周边小班是空旷地，如：无林地、农地、溪流等，应划出缓冲带，以免形成更大的空旷地或导致边缘林木稀疏化；二是伐区内存在着与社区居民相关的斑块。

小型湿地、水库、湖泊周围的缓冲带宽度应大于 50 m；自然保护区、人文保留地、自然风景区、野生动物栖息地、科研试验地等周围缓冲带宽度应大于 30 m。

河岸缓冲带的林木及其他植被的功能包括：为水体遮阴以缓冲水温变化，提供水生生态系统必需的枯枝落叶，对沉积物和其他污染物起过滤的作用，还具有减少水蚀的作用。一般来说，坡度越陡，土壤流失可能性越大，河岸缓冲带就应越宽。

（三）楞场修建与森林环境保护

楞场是伐区集材作业的终点，也是与木材运输的衔接点。楞场是集中放置木材、机械和装车运输的地方，往往会导致严重的土壤干扰、土壤压实和压出车辙。在这些裸露的地区，雨水径流和地表侵蚀会增加，这些过程会影响水质，其影响的程度取决于楞场的位置，径流中可能含有来自燃料和润滑剂的有毒物质。

楞场是木材生产中的临时设施，木材生产完毕后，要进行封闭和植被恢复。

为了保护森林环境，楞场选设与修建应符合以下要求：1. 计划林道网前先确定楞场的位置；2. 将作业中所需的楞场的数量降到最少；3. 将楞场设在山坡上部，向上集材，形成圆锥形的集材道格局；4. 如果必须向下坡集材，应使用小的原木楞场；5. 楞场距离禁伐区和缓冲区至少 40 m，要能有效减少集材作业对环境敏感目标的影响；6. 楞场位置应适中，符合集材方式与流向，保证集材距离最短和经济上最合理；7. 楞场应地势平坦、干燥、有足够的使用面积、土质坚实、排水良好；8. 楞场应便于各种简易装卸机械

的安装；9. 应避免通过楞场将雨水径流聚集到林道、索道、或直接通往水体的小路；10. 楞场位置应在伐区作业设计（采伐计划）图上标明，符合条件者方能建设；11. 楞场大小取决于木材暂存量、暂存时间和楞堆高度，应尽量缩小楞场面积，减少对生产区林地的破坏，保护森林环境；12. 楞场修建应尽量少动用土石方、尽量避开幼树群、保持良好的排水功能、留出安全距离。

（四）集材道路修建与森林环境保护

集材道路选设与修建应考虑以下因素：1. 宜上坡集材。2. 集材道路应远离河道、陡峭和不稳定地区。3. 集材道路应避开禁伐区和缓冲区。4. 集材道路应简易、低价、宜恢复林地。5. 不应在山坡上修建造成水土流失的滑道。6. 集材距离要短，应尽量减少集材道所占林地的面积、减少土壤破坏、减少水土流失。7. 集材道宽应小于 5 m，这样能够保证占用更少的林地，减少对土壤的破坏。8. 集材道路修建的时间应符合：采伐开始前修建集材主道，采伐时修建集材支道，避免集材道路提前修建造成的土壤环境破坏。此外，冬季前和雨季后修建集材道路，能减少修建时产生的水土流失。9. 在斜坡上周期性地设置间隔以帮助分散地表径流。10. 如在永久性的措施实施前，有可能发生大的侵蚀作用，应采用临时措施，如采伐剩余物覆盖等。11. 不应随意改设集材路。12. 集材道路修建应尽量减少破坏林区的溪流、湿地，保护林区的生态环境。13. 应避免在大于 40%的坡度上修建集材道路。14. 应将集材道与河流的交叉点减到最少，修建集材道应避免阻断河流的水流。15. 清除主道伐根，支道伐根应与地面平齐。

四、竹类资源的开发利用

（一）竹产业概述

竹类资源与人类生产、生活的关系极为密切。竹材与木材相比有很多独特的优点，竹笋味道鲜美，含有多种氨基酸，是优良的食品，自古列为山珍之一。众多的竹副产品，也都具有较高的利用价值，应用越来越广泛。

竹产业是指包含并以竹资源培育为基础及在此之上进行的以竹为主要原材料的产品加工和相关服务产业的综合。主要包括：

第一产业，指以竹林资源为劳动对象，以经营笋竹林、用材林为主要途径，从事竹材培育、采伐、集运和贮存作业，向社会提供竹材以满足生产和生活需要的营林产业，以笋竹食品采集为主要内容的竹林副产品生产。

第二产业，指包括以竹材为原料，生产各种竹材产品（板材及其他制品）的竹材加工和竹制品业、竹家具及工艺品制造业、竹浆造纸及纸制品业、竹化学产品制造业、笋竹食品加工业。

第三产业，指竹生态服务业、竹文化、旅游服务业和其他竹服务业。

可以认为，竹产业作为林业产业的重要组成部分，贯穿林业产业的一、二、三产业。

竹林栽培、加工、利用在增加农民收入、促进区域经济发展中的作用十分明显。我国已经成为世界最大的竹产品加工、销售和出口基地，其中，原竹利用（竹编织品）、竹材加工、竹笋、竹炭、竹纤维等对竹子的开发利用闻名于世界。

（二）竹子资源应用

1. 以竹代木

在用途上，竹材的许多力学和理化性质优于木材，例如，强度高、韧性好、硬度大、可塑性强等，是工程结构材料的理想原料，能广泛应用于建筑、工业、交通等领域，可以代替木材、钢材和塑料。

竹材也有一些缺点，例如，竹子虽然具有强度高、硬度大、弹性好、表面光滑、纹理细致、劈裂性好等优点，但与木材相比，存在径级小、壁薄中空、各向异性等缺陷。近年来，竹材的改性加工有了较大的发展，已研究开发了多种竹质人造板，其机械物理性能比木材好，收缩量小而弹性和韧性高，如竹胶合板的顺纹抗拉强度和顺纹抗压强度分别为杉木的 2.5 倍和 1.5 倍。

竹质人造板主要有竹材胶合板、竹质刨花板、竹编胶合板。按生产工艺可分为竹材胶合板、竹材集成材、竹编胶合板、竹帘胶合板、竹篾层压板、竹材胶合模板、竹材刨花板、竹木复合胶合板、竹木复合层积材、竹木复合地板、强化竹材刨花板等。

竹材胶合板强度高、硬度大、弹性好、幅面大、变形小，是一种良好的工程结构材料，已在车辆制造和建筑部门等广泛使用。我国研究开发的高强度竹胶合模板，是采用经特殊加工处理的毛竹作基材制成的。它可以代替木材、钢材制成建筑模板，还可制成地板、墙板等建筑材料及汽车车厢和火车车厢的底板、包装厢板等。

竹质刨花板是利用木质刨花板的加工设备，参照木质刨花板的加工工艺，以竹黄为主要原料制成的。产品的质量和性能都能与木质刨花板媲美。竹质刨花板制成的模板，可连续使用 5 次以上，而且密度较小，易脱模，特别适用于高层建筑。

竹编胶合板是先将竹材劈成很薄的竹片，然后把竹片编成竹席，再在竹席上涂胶，几张竹席经热压而制成，其生产工艺较简单。

竹集成材和竹材地板主要用于替代珍贵树种木材制作竹家具、竹制品、室内装修和铺设地板，具有重要的经济价值；厚型竹材集成材既可作为结构材料又可作为装饰材料等。

2. 竹浆造纸

竹林生产可以持续利用，不断供给工业原料。竹林单位面积年产纤维量比一般针阔叶树林高 1~2 倍。在我国造纸原料中，木浆所占的比重仅为 20%左右。而在世界上造纸工业发达的国家，木浆在整个造纸原料结构中所占比例达 95%。根据我国的森林资源现状，造纸工业原料结构不可能像美国、芬兰、加拿大那样以木浆为主，但可以用竹浆代替木浆，生产机制纸。印度是世界上用竹浆最多的国家，在其各种造纸原料中，竹浆所占比例高达 60%以上。竹子纤维素含量高，纤维细长结实，可塑性好，纤维长度介于阔叶木和针叶木之间，是除木材之外最好的造纸原料，适宜于制造中高档纸，可以替代部分木材原料。缅甸、印度为世界上主要将竹材用于制浆造纸的国家，也是我国竹浆纸产品的主要进口贸易伙伴。我国竹材制浆造纸对于弥补木材制浆造纸原料资源的严重短缺具有重要替代作用。可使用 100%竹浆生产的纸种有牛皮纸、袋纸、弹性多层纸、包装纸、优质书写纸、证券纸、复写纸、纸板、印刷纸、新闻纸等。

我国利用竹材造纸的历史悠久，据史料记载始于西晋时期，至今已延续了 1700 余年。但是在最近几年，竹类纤维在我国的造纸工业原料中的比例仅占 1.7%左右，竹类资源未得到充分利用。

3. 农业

很早以来，亚、非、拉产竹国家的人民，就用竹建造房屋，制作生产、生活用品及文化娱乐用具。食用竹笋，用竹林避风、遮阳，改善居住环境等。人的衣、食、住、用、行等方面，都与竹子有密切的联系。我国农业人口众多，他们的农业生产用具和生活用具，很多都是竹子制造的。特别在南方农村，农民的衣、食、住、行、用等，都与竹子有密切的关系。

4. 手工业

我国手工业生产竹制品，历史悠久，品种繁多，制作技艺高超，能用竹子制作出各种用品。如：用竹编制出各种人物、动物形象，用竹竿制作各种管弦乐器，用竹篷、叶编制凉帽、地毯，用竹根雕塑出各种山水、人物形象。中国竹制品除满足国内市场外，每年都向世界几十个国家出口。韩国的竹钓竿和东南亚国家的竹乐器、竹编等，也畅销世界各地。

竹编织品，产品丰富，包括竹席、竹帘、竹毯、竹篮筐、竹凉席、竹伞、竹扇等竹制日用品与竹工艺品，产品非常丰富，已实现机械化生产。竹凉席是我国日用竹制品的大宗产品，在南方各省份均有生产。中国是世界竹席、竹帘最大的生产国和出口国。

此外，日常消费常见的主要有竹筷、竹签等。竹筷、竹签对木筷、木签的替代作用，将是世界市场所需的大宗产品。

5. 建筑业

竹子质轻坚韧、抗拉、耐腐，是理想的天然建筑材料。竹亭、竹楼、竹屋自古有之。竹材在建筑工程中用途很多，例如，建筑推架、脚手架、地板、竹瓦、竹板墙、篱笆墙、竹水管、竹筋混凝土等。在南方旅游风景区中，用竹材建造楼、台、亭、牌坊、长廊、围篱、餐馆等，十分普遍。中国西双版纳和缅甸、越南农村的傣族竹楼，结构独特，美观适用。南美洲、非洲等产竹区的竹制民居也到处可见。竹建筑成本低廉、技术要求低，质量可靠、经久耐用、容易维护、节省空间。2001 年以来，国际竹藤组织相继在亚洲、非洲实施了一系列竹建筑实地开发和推广项目。“竹子是很好的建筑材料”这一观点已经得到越来越多国际建筑师的赞同。建造相同面积的建筑，竹子的能耗是混凝土能耗的 1/8，是木材能耗的 1/3，是钢铁能耗的 1/50。竹建筑不仅节能，而且成本低廉，建筑质量可靠。

6. 食品加工业

竹笋食品享有“素食第一品”美誉，富含植物蛋白和膳食纤维。竹笋的生长环境无污染，被国际市场认为是最佳的有机食品，不仅为产笋国喜爱，也深得北美洲、欧洲、大洋洲等无笋地区的喜爱。竹笋是一种全营养的天然食品，含有糖、蛋白质、纤维素和多种矿质营养元素及维生素 A、维生素 B、维生素 C 等。竹笋作为商品生产的，主要有中国、日本、泰国、越南、菲律宾、韩国等国。我国有丰富的竹笋资源。竹笋食品现已发展到玉兰片、竹笋罐头、保鲜笋、竹汁饮料等。中国是世界上最大的竹笋生产国和出口国。

7. 医药业

竹子的根、枝、叶、鞭等，都可作为中药，治疗人体疾病。竹叶能清热除烦、生津利尿，竹茹能化痰止吐，竹沥能养血清痰，竹黄能滋养五脏，竹砂仁能治风湿性关节炎和胃病等。

8. 竹炭

竹炭是以竹材为原料经过高温炭化获得的固体产物。按原料来源可分为原竹炭和竹屑棒炭。按形状可分为筒炭、片炭、碎炭和工艺炭等。竹炭细密多孔，表面积是木炭的 2.5~3 倍，吸附能力是木炭的 10 倍以上，具有除臭、除湿、杀菌、漂白、阻隔电磁波

辐射等功能，在制药、食品、化学、冶金、环保等领域有广泛用途，并可开发出多种系列环保产品，如：竹炭床垫、竹炭枕、除臭用炭、工艺炭等。当竹炭达到饱和状态后，可以通过加热、降压等抽真空的办法为其脱附，这样可以多次重复利用。中国是世界最大的竹炭生产国、消费国和出口国。

竹醋液是竹材炭化时所得到的价值可观的竹醋液液体产物，主要用于净化污水等化学净化，竹醋液还可用做土壤杀菌剂、植物根生长促进剂等。

9. 竹纤维

竹纤维是一种新型竹产品，通过化学及物理方法将竹纤维分离后，经过纺织手段制成可裁减布料，应用于服装加工等行业。竹纤维属于高科技绿色生态环保产品。目前生产的竹纤维有两种：一种为竹原纤维，也称天然竹纤维，由于技术问题，天然竹纤维在短时间内还难以实现产业化；另一种为竹浆纤维，也称再生竹纤维，是以竹子为原料，经一定工艺制成满足纤维生产要求的竹浆粕，再将竹浆粕加工成纤维。

10. 观赏与园林

竹子挺拔秀丽，不畏寒霜，质朴无华，枝叶婆娑，深受人们喜爱和推崇，是中国园林的特色之一。意大利、德国、法国、荷兰、英国从亚、非、拉引进了大到毛竹，小至赤竹十几个属 100 多种竹子，大量用于庭园绿化。

参考文献

［1］李强．县级产业规划与布局研究［M］．北京：线装书局，2017.

［2］吴英．林业遥感与地理信息系统实验教程［M］．武汉：华中科技大学出版社，2017.

［3］刘晓光．基于主体功能区划的林业生态建设补偿机制研究［M］．北京：科学出版社，2017.

［4］李智勇．林业生态建设驱动力耦合与管理创新［M］．北京：科学出版社，2017.

［5］管亚东．生态环境视角下的云南林业建设发展研究［M］．哈尔滨：东北林业大学出版社，2017.

［6］宇振荣，李波．乡村生态景观建设理论和技术［M］．北京：中国环境科学出版社，2017.

［7］陈丽荣．“天保”工程林业碳汇运行机理与制度建设研究［M］．北京：中国林业出版社，2017.

［8］余光英．基于博弈论和复杂适应性系统视角的中国林业碳汇价值实现机制研究［M］．武汉：武汉大学出版社，2017.

［9］李世东．智慧林业培训丛书智慧林业概论［M］．北京：中国林业出版社，2017.

［10］巴连柱．林业政策法规［M］．北京：国家行政学院出版社，2017.

［11］王海帆．现代林业理论与管理［M］．成都：电子科技大学出版社，2018.

［12］林健．林业产业化与技术推广［M］．延吉：延边大学出版社，2018.

［13］慕宗昭，杨吉华，房用．林业工程项目环境保护管理实务［M］．北京：中国环境出版社，2018.

［14］李明阳．林业 GIS［M］．北京：中国林业出版社，2018.

［15］刘珉，王刚，陈文汇．林业与绿色经济［M］．北京：中国林业出版社，2018.

［16］刘俊昌．林业经济学［M］．北京：中国农业出版社，2018.

［17］李世东．智慧林业顶层设计［M］．北京：中国林业出版社，2018.

［18］李世东．智慧林业最佳实践［M］．北京：中国林业出版社，2018.

［19］李世东．智慧林业决策部署［M］．北京：中国林业出版社，2018.

［20］蔡敏．林业经济管理［M］．北京：中国林业出版社，2018.

［21］李世东．智慧林业政策制度［M］．北京：中国林业出版社，2018.

［22］丁胜，杨加猛，赵庆建．林业政策学［M］．南京：东南大学出版社，2019.

［23］蒋志仁，刘菊梅，蒋志成．现代林业发展战略研究［M］．北京：北京工业大学出版社，2019.

［24］柯水发，李红勋．林业绿色经济理论与实践［M］．北京：人民日报出版社，2019.

［25］刘丽丽，冯金元，蒋志成．中国林业研究及循环经济发展探索［M］．北京：北京工业大学出版社，2019.

［26］王刚．我国林业产业区域竞争力评价研究［M］．北京：知识产权出版社，2019.

［27］沈月琴，张耀启．林业经济学［M］．北京：中国林业出版社，2019.

［28］王林梅，路雪芳．林业规划设计［M］．长春：吉林科学技术出版社，2019.

［29］邵权熙，张文红，杜建玲．中国林业媒体融合发展研究报告［M］．北京：中国林业出版社，2019.

［30］温亚利，贺超．林业经济学［M］．北京：中国林业出版社，2019.

［31］王军梅，刘亨华，石仲原．以生态保护为主体的林业建设研究［M］．北京：北京工业大学出版社，2019.

［32］刘金龙．参与式林业政策过程［M］．北京：中国社会科学出版社，2019.